河北滨海盐碱地暗管排盐生态工程

于淑会　刘金铜　司会庚　等著
王志彬　高　会　付同刚

气象出版社
China Meteorological Press

内 容 简 介

针对河北省滨海盐碱地特点、依据生态工程基本理论与技术,本书作者设计了河北省滨海盐碱地治理的生态工程框架体系,开展了相应的实验与技术研究,本书是对该项研究工作长期积累的总结和提炼。本书从生态条件适宜性、土壤水盐运移规律及技术参数与标准设定三个方面研究构建了暗管排盐生态工程理论与支撑技术;从盐分时空调控生态工程、水资源利用与调控生态工程及农田综合生态工程三项子工程设计开展了暗管排盐生态工程实验与技术研究;提出了河北滨海盐碱地暗管排盐生态工程技术模式并评价了其实施效果。本书的研究结果可为高水位盐碱地农田治理和管理模式提供依据和参考。

图书在版编目(CIP)数据

河北滨海盐碱地暗管排盐生态工程 / 于淑会等著
. — 北京 : 气象出版社,2023.7
ISBN 978-7-5029-8013-9

Ⅰ. ①河⋯ Ⅱ. ①于⋯ Ⅲ. ①滨海盐碱地—盐碱土改良—研究—河北 Ⅳ. ①S156.4

中国国家版本馆CIP数据核字(2023)第148841号

河北滨海盐碱地暗管排盐生态工程

Hebei Binhai Yanjiandi Anguan Paiyan Shengtai Gongcheng

出版发行 : 气象出版社				
地　　址 : 北京市海淀区中关村南大街 46 号		**邮政编码** : 100081		
电　　话 : 010-68407112(总编室)　010-68408042(发行部)				
网　　址 : http://www.qxcbs.com		**E-mail**： qxcbs@cma.gov.cn		
责任编辑 : 张　媛		**终　　审** : 张　斌		
责任校对 : 张硕杰		**责任技编** : 赵相宁		
封面设计 : 地大彩印设计中心				
印　　刷 : 北京中石油彩色印刷有限责任公司				
开　　本 : 787 mm×1092 mm　1/16		**印　　张** : 10		
字　　数 : 256 千字				
版　　次 : 2023 年 7 月第 1 版		**印　　次** : 2023 年 7 月第 1 次印刷		
定　　价 : 70.00 元				

本书如存在文字不清、漏印以及缺页、倒页、脱页等,请与本社发行部联系调换。

《河北滨海盐碱地暗管排盐生态工程》
编委会

主　任：于淑会　刘金铜　司会庚　王志彬　高　会　付同刚
副主任：韩立朴　张志谭　齐　菲　王　丰　张　美　郑艳东
　　　　康园园

编写人员：

李彦鑫　赵　亮　李东哲　王士超　方　栋　徐　丽　谭莉梅
刘慧涛　马凤娇　刘浩杰　谭　攀　王　禹　白雪宇　宇　雯
王　轲　王瑁玮　杨　翌　张浩然　胡佳慧　邓馥荣　刘国珍
唐守普　郭伟志　张文宇　赵维全　蒋春晖　郭秉正　任东辉
杜亚娟　刘丽丽　蔡作陆

参编单位：
中国科学院遗传与发育生物学研究所农业资源研究中心
河北地质大学
河北省国土整治中心
河北省自然资源利用规划院

前　言

　　盐碱土是地球上广泛分布的一种土壤类型,我国盐碱地面积有 3690 万 hm^2,占世界总盐碱地面积的 3.35%。盐碱土是我国最主要的中低产土壤类型之一,并且是我国重要的后备耕地资源之一。我国耕地后备资源调查评价数据显示,我国可开垦盐碱地有 80.05 万 hm^2,约占全国可开垦土地总面积的 11.4%。治理好盐碱地将会增加我国耕地面积,从而缓解我国耕地资源紧张、粮食供应不足等问题。

　　河北省盐碱地面积超过 20 万 hm^2,占全省总耕地面积的 3.17%,表层土壤全盐含量为 2.4‰~18.5‰,属于中重度盐碱地。本地区土地资源丰富,光照充足,土壤基本养分状况约为 3 级,土壤速效磷和速效钾含量基本满足作物的生长需求,是重要的后备耕地资源,也是发展能源植物和固碳植物最具潜力的地区。河北滨海盐碱地治理难的主要原因为地下水埋深浅且无充足淡水资源进行盐分淋洗,针对这一特点,开展以暗管排盐生态工程为核心,配套水资源调控生态工程、农田综合生态工程等综合生态工程体系,是实现河北省滨海盐碱地可持续利用与发展的重要途径。

　　本书在全面分析河北滨海盐碱地暗管排盐生态工程理论与技术的基础上设计了适宜河北滨海盐碱地的三项暗管排盐生态工程,并开展实践研究,以期为河北滨海盐碱地高效利用与可持续发展提供科学依据。本书的第 1 章、第 2 章是对暗管排盐生态工程理论与技术的概述;第 3 章着重介绍了河北滨海盐碱地暗管排盐盐分时空调控生态工程;第 4 章介绍了基于水资源高效利用的河北滨海盐碱地暗管排盐水资源利用与调控生态工程;第 5 章重点介绍了河北滨海盐碱地暗管排盐农田综合生态工程;第 6 章是对河北滨海盐碱地暗管排盐生态工程效果与应用前景进行分析。

　　本书是作者十几年来实验研究与理论总结的成果积累,著作的完成得到了很多科研项目的资助,主要有:河北省教育厅青年拔尖人才计划项目"滨海盐碱地暗管排盐工程与土壤孔隙的相互影响机制研究"(BJ2020008)、国家自然科学青年基金项目"高水位重盐渍化土壤盐分异质性与暗管淋控均质化机制研究"(41701240)、国家科技支撑计划课题"河北滨海盐碱区暗管改碱与生态工程关键技术开发与示范"、原国土资源部公益性行业项目"环渤海盐碱土地景观整治与植物修复技术集成"、中国科学院 STS 项目课题"雨水集蓄暗管排盐技术的规范化及应用"、中国科学院重点部署项目课题"基于暗管排盐的雨水与咸水资源利用集成技术"、河北省科技支撑计划"河北近海岸带重盐碱地生态修复的工程与生物技术研究"、河北省自然科学青年基金项目"滨海重盐碱地土壤盐分异质性与暗管淋控均质化关键阈值研究"(E2018403080)等,在此也一并表示衷心感谢。

　　本书的编写内容除编者研究成果外,还参阅了大量同类研究的著作、文章和资料,并已在书中做了标注,在此对所有被引用文献的作者表示衷心感谢。另外,尽管作者长期以来从事暗管排盐生态工程方面的管理与科研工作,但由于本书参编人员较多,时间较短,不妥或错误之处在所难免,敬请有关专家、学者及读者批评指正。

作者

2022 年 12 月

目　　录

第 1 章　河北滨海盐碱地特征与暗管排盐生态工程框架设计

　　盐碱土是地球上广泛分布的一种土壤类型,全世界盐碱地面积约为 11 亿 hm^2,我国盐碱地面积有 3690 万 hm^2,占世界总盐碱地面积的 3.35%(杨劲松 等,2022)。盐碱土是我国最主要的中低产土壤类型之一,并且是我国重要的后备耕地资源之一。我国耕地后备资源调查评价数据显示,我国可开垦盐碱地有 80.05 万 hm^2,约占全国可开垦土地总面积的 11.4%。治理好盐碱地将会增加我国耕地面积,从而缓解我国耕地资源紧张、粮食供应不足等问题。

1.1　河北滨海盐碱地典型特征

1.1.1　盐碱地资源丰富,但治理难度大

　　河北省盐碱地面积超过 20 万 hm^2,占全省总耕地面积(631.5 万 hm^2)的 3.17%,属 Cl^--SO_4^{2-}-Na^+ 型盐土,表层土壤全盐含量为 2.4‰～18.5‰,属于中重度盐碱地。土地资源丰富,光照充足,土壤基本养分状况约为 3 级,土壤速效磷和速效钾含量基本满足作物的生长需求,是重要的后备耕地资源,是发展能源植物和固碳植物最具潜力的地区。

　　据不完全统计,河北省可开发利用的滨海盐碱地面积约有 2.53 万 hm^2,主要分布在沧州、唐山和秦皇岛的 18 个县(市),这部分盐碱地面积大且多为中、重度盐碱地,难以开发治理。这一地区低产、超低产田及盐碱荒地难以进一步改良和治理的主要原因如下。

　　(1)土壤含盐量高。近滨海地区由于地势低洼且离海近,土壤基础含盐量高。

　　(2)盐分上移速度快。近滨海地区地下水位埋深较浅,基本维持在 50～100 cm,在蒸发量较大且无降水淋洗的春季,土壤盐分随毛管水上升滞留在地表,导致地表土壤盐分快速累积,部分地区甚至出现厚厚的盐斑。

　　(3)淡水淋洗效果差。近滨海地区外来客水资源极少,地下水已严重超采,使得利用淡水对土壤盐分淋洗只能通过雨季的自然降水实现,而近滨海地区属半干旱半湿润季风气候区,降水量相对较低,为 550～620 mm,因此,淋洗降盐效果较差。

1.1.2　地下水埋深浅,但矿化度高

　　河北省滨海平原区地下水位高,平均地下水位在 2 m 左右,且为咸水区,水质较差,矿化度从浅到深由小于 3 g·L^{-1} 增高到大于 10 g·L^{-1}(李郡 等,2017),以氯化钠为主,深层地下水水质多优于浅层地下水。部分地区地下水过量开采严重,形成区域性地下水位降落漏斗,浅层地下水紧缺(李贺静,2008),开采成本高。

1.1.3　咸水资源丰富,但缺少淋洗盐分淡水

　　区域内客水资源少,只有海河与滦河两大水系,但地下咸水资源储量丰富,全省地下咸水

资源储量超过 1700 亿 m³，可开采的资源量超过 50 亿 m³，仅沧州地区就超过 4 亿 m³，利用率不足 5%（杨守勇，2008）。

1.2　暗管排盐技术概述

1.2.1　暗管排盐技术原理与关键参数

1.2.1.1　暗管排盐技术原理

盐随水来，盐随水去，盐渍土的形成离不开水。控制地下水位是预防盐渍灾害的关键，一方面，控制地下水位在临界水位以下，另一方面，延长毛管水上升路径，从而缓解地表积盐。暗管排盐技术的基本原理就是利用这一水盐运移规律，借助水的重力自运动，将土壤的盐分携带到管道中排出。暗管排水降低地下水位，土壤蓄水库容变大，包气带容纳更多入渗降水，提高降水的盐分淋洗率，同时，通过暗管排水降低地下水位，可延长毛管水上升路径，减少盐分在地表的累积，有效抑制土壤次生盐渍化。

土壤中水分在一定的水力学规律下向暗管运移，运移过程中携带的盐分也随之流到渗水管，在一定坡降下，渗水管中盐水流入集水管或集水池，从而排出土体。要保证这一过程的顺利实现，平整土地是关键，土地平整后，一可防止水分在低洼处汇集，二可通过提高暗管埋设坡降的准确性保证渗水管中水分的流出。试验证明，平整土地后实施暗管排盐技术，可降低土壤含盐量的空间异质性，促进土壤含盐量的均质化进程，为农田的规模化作业提供条件（Yu et al.，2015）。

1.2.1.2　暗管排盐关键参数

（1）自然生态条件参数

从暗管排盐技术原理可以看出，水位条件与土壤条件是影响土壤盐渍化程度的主要因素。因此，在分析暗管生态工程排盐效果时主要考虑降雨、蒸发、土壤渗透性与地下水埋深等因素。张兰亭（1988）通过 6 年的试验发现，适用暗管排盐技术改良盐碱地的地区区域特点为：自表层以下土质为深厚的粉沙壤土、地下水位高、水质差、不宜作为灌溉水源，且采用明沟排水边坡容易坍塌淤积导致排水不畅。马凤娇等（2011）从土壤渗透性、地下水埋深及降雨条件 3 个方面分析了河北近滨海盐碱区实施暗管排盐技术的适宜性，认为在无淡水资源进行灌溉且地下水埋深较浅（40～120 cm）的河北滨海区，因为深层土壤大孔隙的存在，土壤 K 值较大，大于或等于 70 mm 的次降雨量完全可以满足土壤的初次淋洗脱盐过程、雨季降雨可降低轻盐碱区土壤盐分含量，暗管排盐技术在这样的自然生态条件下是完全适宜的。

（2）关键技术条件参数

关于暗管系统设计参数的讨论，主要关键技术探讨集中在不同排水条件下的暗管的埋深与间距，选择适宜的排水暗管布设规格，能够提高改盐效率，控制地下水位，进而提高作物产量（Azhar，2011）。关于暗管埋深、间距确定方法的研究已有很多。

有学者提出暗管适合埋深与地下水临界深度、滞留水头及管径呈正相关（杨学良 等，1995）。计算间距的公式有 Hooghoudt 公式、翟兴业公式与张友义公式等，以 Hooghoudt 公式为基础，但由于其计算方式重复量大、计算工作繁琐，并且土质的高异质性会导致计算结果的精确度降低等原因，很多学者根据研究区的实际情况对 Hooghoudt 公式进行了改进。邵孝侯等（2000）从经济角度探讨了南方圩区麦田塑料暗管埋深和间距的优化，建立了以单位面积工程费用最小为目标函数的塑料暗管间距和埋深的数学模型。21 世纪初,美国学者将土壤剖面水分平衡时的含水量、地下水和土壤剖面的水分存贮和移动等水文资料输入计算机进行暗管排水系统组合抉择和暗管间距决策,并应用决策支持系统(Decision Support System,DSS)计算最适排水沟间距。荷兰也建立了相应的计算机程序用于计算暗管间距和埋深(迟道才等,2003)。王艳芳等(2002)应用系统分析的原理和方法,建立了单级暗管排水系统的埋深和间距的优化模型,求解了河套灌区单位面积投资最小的经济埋深和间距。高跃林等(2002)借助计算机采用迭代法来完成 Hooghoudt 公式的计算,开发了适合宁夏引黄灌区暗管埋设间距的计算软件。陈香香等(2006)将遗传算法应用于暗管间距设计中,采用实数编码遗传算法,对不同埋深、不同土壤性质条件下的暗管间距进行编码计算。Kumar 等(1994)认为,只要使用合适的公式,用反演技术确定排水管的管径等参数还是十分可行的,并通过试验证明基于 Glover 与 Dumm 公式的反演法是最合适的。陈为峰等(2020)结合土地开发工程典型实例,探讨了暗管排水工程规划设计关键参数确定的理论模型及其简化求解方法,得到黄河三角洲盐碱区暗管埋深建议为 1.2~1.7 m,暗管布设间距范围可取 12~27 m,平均为 22 m。

另有学者通过布设田间试验,依据试验测定数据得到暗管最优埋深与间距。祝榛等(2018)在新疆研究暗管排盐技术与农业灌溉种植方式相结合的土壤脱盐效果,得到暗管埋深为 1.5 m 时,1 m 耕层土壤含盐量降低了 8.90 g·kg^{-1},脱盐率为 45.79%,优于埋深 1.2 m 与 1.8 m。周利颖等(2021)在河套灌区埋设 10 m、20 m、30 m 间距的暗管,探究暗管间距对重度盐碱土脱盐治碱效果的影响,得到 10 m 间隔布设土壤脱盐率表现最好,同时小间距的暗管布设更具有缓解土壤碱化程度的潜力。石磊等(2022)于 2016—2019 年在新疆南疆次生盐渍化土上设置暗管+竖井田间排水排盐试验,该研究得出布设间距 8 m 为试验区暗管排盐工程适宜参数。

以上学者的工作主要针对单层暗管排水系统,为了更好地保存作物所需的水分与土壤养分,美国提出"双层暗管灌溉排水系统",上层暗管浅埋密布层为灌溉系统,下层暗管深埋疏布层为排水系统,孙瑞鹤(1995)、Hornbuckle 等(2007)对单层排水系统及双层排水系统下的土壤盐分分布、地下水埋深及排水矿化度进行观测,认为双层排水系统的保墒效果更好、作物产量更高。我国宁夏引黄灌区银北地区早在 20 世纪 90 年代初即采用双层暗管排水技术改良黏重型盐渍土,上层为输水性较好的捆扎玉米秆层,下层为塑料波纹管,暗管间距为 30 m,增设 15 m 间距进行加密,上下层交错布置,捆扎玉米秆使上层水流可汇入下层排出,经试验证明 30 m 间距可满足淋盐要求(杜历 等,1997)。刘金荣等(2004)以铺设双层暗管、施用磷石膏并灌溉技术等配套技术在张掖市东北郊开发区盐碱低洼地建植草坪开展试验,结果表明该技术能诱发与防除盐生杂草,改造盐荒地、重盐碱地,从而种植出优质的草坪并大大降低土壤盐碱程度。王苏胜等(2014)在南方平原河网地区进行了麦秸秆和沸石组合外包材料条件下的双层暗管布置方式排水试验并做了数值模拟,研究成果说明双层暗管排水方式结合外包材料对农业面源污染的控制有一定的作用和实际应用价值。

1.2.2　暗管排盐研究与应用

随着暗管排水排盐技术的广泛应用与国家科技支撑计划课题"盐碱地暗管改碱与生态修复技术开发与示范"、国家重点基金项目"西北旱区农业节水抑盐机理与灌排协同调控"等的深入研究,我国暗管排水排盐技术取得了重大进步,已研制出拥有自主知识产权的暗管排水排盐系列国产化装备,并构建了暗管排水排盐技术标准与信息管理系统,通过多种配套技术,打破原有暗管排水排盐技术使用的地域局限条件,扩大了其应用范围,提升暗管排水排盐配套技术,开发城市生态绿化暗管排水排盐技术,发展缺水盐碱区暗管排水排盐技术,攻克苏打盐碱地暗管排水排盐技术,创新滨海滩涂湿地生态建设暗管排水排盐技术,改善盐碱区自然生态环境。

1.2.2.1　暗管排盐技术装备研制

传统的铺管技术为人工铺管,人工铺管在暗管排水排盐的历史上持续了很长一段时间。1975 年,第一台挖沟机械问世,铺管机械的出现,大大加快了暗管排水排盐技术的发展。随后,发达国家开发出了开沟、铺管、填滤料、覆土等一体化进行的机械。20 世纪 70 年代后期,中国农业机械化科学研究院设计研制了 1KP-100、1KP-150 等小型开沟铺管机,结构型式为牵引式。20 世纪 80 年代初期,我国设计制造了 1KP-250 型开沟铺管机,选取东方红—75 履带拖拉机为牵引主机,采用刀链式开沟形式,开沟深度为 1.8～2.5 m,开沟、铺管、裹砂同步完成。

随着暗管排水排盐技术的广泛应用,其技术装备也有很大进展。我国于 2012 年成功研制出了第一套国产化暗管排水排盐技术装备,包括开沟埋管机、滤料拖车、埋沟机以及刀片、链条等耗损部件。1KPZ-250 型开沟铺管机集光、机、电、液一体化控制与自动控制技术于一体,内设基于 GPS 与 GIS 的自动导航控制技术与基于 GPS 与激光系统的高程控制技术;7CB9-D 型滤料输送机的沙箱装载容积超过 4 m³;FT-300 型覆土机覆土铲高度为 70 cm,覆土工作速度超过 2 km·h⁻¹。

自行研制暗管排水排盐技术装备的成功,不仅填补了国内的技术装备空白,降低了产品价格,更是建立了国内的后勤保障技术,摆脱了对国外技术产品的依赖性。

1.2.2.2　暗管排盐技术标准编制

为了保证暗管排水排盐技术的科学合理利用,美国、荷兰和日本等国家相继研究出了自己的暗管排水技术标准,如美国农业工程师协会制定了湿润地区暗管排水设计和安装技术标准(ASAE EP480 FEB03,ASAE EP481 FEB03,ASAE EP463.1 FEB03)、干旱和半干旱区暗管排水和设计标准。我国也在《农田排水工程技术规范》(SL/T 4—1999)中,就暗管排水的设计、材料选择、施工和管理等做出了相应的技术要求;在《灌溉与排水工程设计规范》(GB 50288—99)中就暗管排水系统的布置、埋深与间距的确定等做了详细的规定,但由于暗管排水排盐技术发展实践时间较短,规范还不够全面。

针对这一特点,自然资源部通过总结实践,编制完成了中华人民共和国土地管理行业标准《土地整治暗管改良盐碱地技术规程》、河北省地方标准《滨海盐碱区暗管改碱排水技术规程》两项地方标准,以及《排水暗管土工织物外包滤料》等 8 项企业标准,标准从暗管排水排盐技术的前期土壤调查到现场施工及外包滤料的使用都做了具体规定,系统地提出了各类型盐碱区暗管排水排盐应达到的技术要求,侧重表述了排水排盐中暗管技术应达到的要求,具有较强的可操作性,为推动暗管排水排盐工程产业化发展提供了技术标准。这些规程的制定对于指导各类型盐碱区应用暗管排水排盐技术进行盐碱地改良与土地整治工作具有重要作用,是增加耕地面积、提高盐碱区作物产量及改善生态环境的技术保障,对推广使用地区的土地高效利用与可持续发展具有重要意义。

1.2.2.3　暗管排盐生态工程技术创新

(1)"复合型"暗管排盐技术

山东东营是较早使用暗管排水排盐技术治理盐碱地的地区之一,经过十几年的经验总结,提出了基于多级暗管的农田灌排一体化"管道水利"建设技术,是通过科学设计地下排水暗管、集水暗管、灌溉暗管的管径、布设密度、埋深、系统布局以及配套设施,以暗管取代农田明沟和灌渠,实现灌排模式整体转换的农田灌排水利建设技术。

该技术通过定量化的灌溉与排水控制,辅助以激光精平等现代技术,并以暗管代替明沟,可实现节地 20%、节水 16%以上,节水节地效果显著。该技术的实施有效减少了渠道对地块的切割,扩大了田块面积,有利于农业机械化作业,对促进现代农业生产和农田生态环境保护均具有重要意义,为当前土地整治中的农田水利工程指明了新的发展方向。

(2)暗管排盐土壤综合改良配套技术

暗管排水排盐技术的应用受地域土壤、水文与气象等因素的限制,在我国的适宜使用范围非常有限。随着我国人口的增多,粮食安全问题日益紧迫,盐碱地作为重要的后备耕地资源渐受瞩目,在此背景下,多种盐碱地治理措施被专家学者提出,这些配套治理措施的实施改变了土壤的原有性质,降低了暗管排水排盐技术的应用门槛,扩大了技术的使用范围。

①苏打盐碱地

苏打盐碱土含有碳酸钠、重碳酸钠,土壤具有较高的 pH,呈碱性,土壤质地黏重、易板结,对植物的毒性大,出现不少斑状的光板地。针对苏打盐碱土的特点,吉林省土地整理中心研究人员研发了以客土(压沙)和农家肥为基础,改良剂(M3、M1、MO、PT、K-OS)为核心的改土培肥生态工程技术,可使土壤通透性进入良性改善的状态,暗管的出水效果逐年增强,为苏打盐碱土暗管排水排盐技术治理盐碱地发挥重要基础性作用。

②城市生态绿化区

天津泰达绿化公司采用以暗管排水排盐技术为主,集成改土培肥技术、灌溉淋洗技术等的综合改良技术对滨海盐土进行改良绿化,工程的实施能明显改善土壤通气透水能力、提高土壤综合肥力水平。暗管排水技术能快速有效地排除灌溉和雨水淋洗渗漏水以及土壤盐分,乔木栽植带间土壤脱盐率超过 70%,可在很大程度上降低土壤含盐量,增加林木成活率。

(3)暗管排盐与生态工程技术集成

暗管排水排盐与生态工程技术集成的设计原理,是针对各类型区的土壤特点进行单项技术研究,形成可复制的技术体系,为进一步开发和利用广大的滨海类型区盐碱地资源提供技术支撑。

①滨海雨养农田区

河北省提出了基于暗管排水排盐技术的滨海盐碱区雨养与亏缺灌溉条件下作物适应性种植农田生态工程集成技术,根据中、重度盐碱地暗管排水排盐技术实施后的农田生态条件特点,选择谷子(耐旱)、玉米(雨热同季)、燕麦(吸盐)、小麦(耐盐耐旱)等作物进行适应性种植及实施相应的农田生态工程措施,将农业种植结构由一年一熟变为一年二熟。技术成果实施后效果明显,农田生产力得到显著提高,实施后农田生态系统服务功能提高 2.3 倍。

②滨海滩涂区

在江苏滨海新滩涂展开了基于滩涂利用与湿地配套建设的暗管排水排盐技术应用研究。将生态湿地分为水塘和弯道两种形态,使排水中的氮、磷通过湿地消减量达到 50%以上,同时具有调蓄雨水、治涝抗旱作用;对于土壤结构极差的粉沙壤土,则采用草帘生态护坡技术,防止坍塌和水土流失、涵养水源,构建起良好的植物生长生境条件。

1.3　河北滨海盐碱地暗管排盐技术适宜性评价

暗管排水排盐技术要起到改良盐碱地的目的需要满足几个必要条件:一是地形条件,暗管排水排盐技术的应用要有较为平坦的地形作为保障;二是水文条件,暗管排水排盐技术改良盐碱地作用的发挥需要有一定降雨量或者灌溉水量,以保证土壤上层盐分被水淋洗至暗管中,然后排出土体,起到改良土壤盐渍化的作用;三是土壤条件,土壤有一定的渗透性才能够保证水分入渗进入暗管,从而发挥暗管的排水排盐作用;四是暗管入渗水的可排性,入渗进入暗管的水分,排出土体才能够起到带走盐分改良盐碱地的作用,因此,暗管排水排盐技术适宜的区域一般在离海域较近的区域,便于矿化度较高的暗管排水排入大海,并且不破坏周边的生态环境;五是地下水埋深条件,地下水埋深增加至临界深度以下,盐渍化程度便会减弱甚至消失,因此,只有在地下水埋深小于临界深度的区域,才有必要应用暗管控制和增加地下水埋深,从而达到改良盐碱地的目的。

河北近滨海盐碱区地处华北低平原区,地势平坦,满足了暗管排水排盐技术应用对地形条件的要求,近滨海区中进入暗管的水都能排入海中,该区域的地下水埋深较浅,需要通过降低地下水埋深的方法来减少由于高矿化度的地下水埋深上升在表层积聚引起的次生盐渍化。但是对于暗管起作用影响最大的是淡水资源和土壤渗透性条件,因此,在河北近滨海盐碱区需要对这两个方面的适宜性进行分析。河北滨海盐碱区的特点为农田淡水来源仅有降雨,因此,本项目通过统计资料和试验数据对河北滨海区暗管排水排盐技术实施的降雨和土壤的适宜性进行分析。

1.3.1　生态条件适宜性辨析

1.3.1.1　土壤条件适宜性分析

在实施暗管排水排盐技术改良盐碱地的关键条件中,土壤饱和导水率直接决定了水分对土壤盐分的淋洗、土壤排水、控制地下水位的效果。因此,对暗管排水排盐技术土壤适宜性评价中最主要的指标是土壤饱和导水率。

1.3.1.2　土壤饱和导水率测定试验方法

由于土壤性状存在一定的空间差异性,为了得到更为准确的土壤饱和导水率的值,选取长280 m,宽250 m,面积为7 hm² 的试验区,从水平和垂直两个维度来研究土壤入渗能力。在纵向剖面来看,将试验区土壤划分为3层:浅层地下水水面以上(地下水埋深在60 cm上下浮动)土层分为两层,上层为黏壤土,深度为0~30 cm,下层为沙壤土,深度为30~60 cm;浅层地下水水面以下为第3层。由于土壤特性存在空间差异性,在了解试验区土壤基本特性的基础上,将试验区划分为4个小区,进行土壤饱和导水率的计算、对比与综合分析。

在每个小区对于浅层地下水水面以上的两层土壤的土壤饱和导水率通过双环刀法,从每个取样点每层的水平和垂直方向取样,带回实验室测定其饱和导水率,研究土壤在不同方向上的入渗能力。考虑到不同直径环刀取样对土壤入渗能力测定有一定的影响,对每个小区60 cm以上都采用内径26 cm、外径50 cm的双环刀入渗仪进行土壤垂直入渗率的原位测定。通过在每个小区随机取样的方法,应用钻孔法对每个小区浅层地下水水面以下的土壤的横向导水率进行测定,重复 3 次。

(1)土壤饱和导水率测定结果

通过采用双环刀法测定的 4 个小区浅层地下水面以上两层(0～30 cm,30～60 cm)不同方向、层次的饱和导水率如表 1.1 所示,并且应用 SPSS 软件进行统计学分析,得出结论如下。

表 1.1　4 个小区在不同方向和层次上的饱和导水率分布　　　　单位:mm · min^{-1}

层次	方向	小区 1	小区 2	小区 3	小区 4
上层	水平	0.25±0.03	1.12±0.08	1.60±0.10	1.40±0.08
	垂直	0.58±0.05	0.62±0.04	2.75±0.75	0.04±0.01
下层	水平	0.64±0.09	5.99±0.23	3.25±0.23	0.49±0.07
	垂直	0.88±0.07	2.38±0.51	3.10±0.25	1.00±0.15

①对 0～30 cm 和 30～60 cm 上下两层的土壤饱和导水率通过成对数据的显著性检验得到 $P=0.034$(<0.05),表明在 95% 置信水平下试验区上层土壤饱和导水率与下层土壤饱和导水率差异显著,其中上层平均饱和导水率为 0.019 mm · min^{-1},下层平均饱和导水率为 0.026 mm · min^{-1}。从土壤剖面的表观特征即可看出,不同层次的土壤质地明显不同,上层质地黏重,下层质地较轻。质地黏重的土壤粒径小,土粒之间的空隙较细,甚至有些空隙是封闭状态,水分穿透土壤的阻力较大,所以土壤的入渗能力小,入渗系数低。

②各小区间的土壤饱和导水率差异不显著。表明研究区内土壤渗透能力相似,铺设暗管后的排水排盐使土壤饱和导水率能够达到较好的均一性。

③对水平方向和垂直方向上取样的土壤饱和导水率进行成组数据的 t 检验,$P=0.375$(>0.05),表明试验区土壤的饱和导水率在水平和垂直方向上没有显著性差异,土壤饱和导水率各向同性。由此也能得出,采用双环入渗仪测得的垂直方向的导水率和钻孔法测得的横向饱和导水率都可以较好地代表所测土层的饱和导水率分布。双环入渗仪可以在相对较大的取样尺度上测定浅层地下水水面以上 0～60 cm 土壤层饱和导水率,提高了测定结果的代表性;浅层地下水水面以下土壤用钻孔法测其饱和导水率更方便准确。应用双环入渗仪和钻孔法所做的 0～60 cm 与 60 cm 以下的土壤饱和导水率如表 1.2 所示。

表 1.2　应用双环入渗仪和钻孔法所测各层土壤饱和导水率状况

饱和导水率/(mm · min^{-1})	双环入渗仪	双环刀法	钻孔法
小区 1	0.124±0.007	0.030±0.026	0.72±0.02
小区 2	0.370±0.012	0.009±0.002	0.57±0.05
小区 3	0.687±0.042	0.022±0.010	0.79±0.06
小区 4	0.045±0.009	0.007±0.005	0.88±0.05

从表 1.2 中可以看出,双环入渗仪测定的结果远大于双环刀法测定的,原因是环刀的取样面积很小,切断了传导水分的大孔隙,使得双环刀法测定的饱和导水率和田间实际饱和导水率相差较大。两种方法在每个小区测定结果的差异主要是因为土壤性质的空间差异,且取样点完全随机分布。使用双环入渗仪测定的 0～60 cm 土壤的土壤饱和导水率为 0.422 mm · min^{-1},标准差为 0.38 mm · min^{-1}。淡水可以对土壤盐分起到淋洗作用的土壤饱和导水率下限为 0.006 mm · min^{-1},0.422 mm · min^{-1} 显著高于 0.006 mm · min^{-1},说明试验区土壤条件可

以满足土壤盐分淋洗的需要。

钻孔法通过迅速抽提部分地下水,使测量点处水势降低,相邻区域的地下水就会补充过来,补给的速度取决于土壤饱和导水率。从土壤剖面可以清楚地看出,在 60 cm 以下大孔隙广泛分布,提水过程中地下水从大孔隙喷射出来,表明 60 cm 以下土壤层具有极高的导水能力。各小区 60 cm 以下土壤层饱和导水率无显著性差异,并且数值较大,平均为 0.74 mm · min^{-1},标准差为 0.12 mm · min^{-1},导水性能极佳,能够很好地满足排水要求,能够在短时间内起到控制地下水埋深和防止涝渍害发生的作用。

(2)土壤适宜性评价结论

以南大港试验区为代表的河北滨海盐碱区,土壤剖面上层质地偏黏,下层质地偏砂。上下层土壤饱和导水率差异显著;水平和垂直两个方向的土壤饱和导水率没有显著性差异,土壤孔隙分布在同一土层内各向同性;在田间采用双环入渗仪法测定的垂向饱和导水率和钻孔抽水法测定的横向饱和导水率有可比性;同一土层内土壤饱和导水率在水平空间上分布比较均一。

土壤表层 0~60 cm 饱和导水率通过双环入渗仪测定的结果为 0.422 mm · min^{-1},显著高于可以淋洗盐分的土壤饱和导水率下限 0.006 mm · min^{-1},表明暗管排水排盐技术试验区土壤性状可以满足淋洗需要。60 cm 以下的土壤层通过抽水试验得到饱和导水率为 0.74 mm · min^{-1},土壤渗透性能非常好,暗管埋设在该层可以在短时间内将水分排出,防止地下水位上升引起次生盐渍化。

通过不同方法测定土壤饱和导水率得到在河北滨海盐碱区浅层地下水水面以上的土壤层饱和导水率较浅层地下水水面以下的土壤层差异性显著,但都可以满足水分入渗对盐分淋洗的需要,浅层地下水水面以下的土层渗透性非常好,各层中饱和导水率各向同性,空间分布没有显著差异。因此,土壤条件可以满足土壤盐分淋洗和有效控制地下水埋深的要求,适宜实施暗管排水排盐技术。

1.3.1.3　降雨条件适宜性分析

河北省滨海盐碱区灌溉条件较差,研究和分析自然降水条件对暗管改碱技术实施的有效性,对于该类型区域能否推广和应用暗管改碱技术具有重要作用。本研究以河北省沧州市的黄骅市为例,对其 1961—2005 年的降水量逐日观测数据进行了次降雨量、雨季降雨量、年降雨量的特征分析,对次降水量分析时考虑到前期降水量对土壤水分影响的连续性而引入了前期影响降水量,最终对河北省滨海盐碱区实施暗管改碱技术的适宜性做出基于降水的有效性评价。

(1)次降水量对暗管改碱技术的有效性评价

对于高含盐量盐碱土壤,要使其盐分含量降低到允许作物生长的程度,就要通过一定强度的水分入渗使盐分随水淋失,实现土壤脱盐。实施暗管改碱工程时需要对盐碱地进行初步淋洗,初步淋洗所需水量的计算公式(彭成山 等,2006)如下:

$$D_w / D_s = - C \lg[(EC_a - 2EC_i)/EC_s - 2EC_i] \qquad (1.1)$$

式中,D_w 为淋洗所需水位(m),D_s 为需要淋洗的土壤层深度(m),C 为土壤的淋洗特性,EC_a 为允许作物生长的土壤含盐量(ds · m^{-1}),EC_s 为初始土壤含盐量,EC_i 为灌溉水含盐量。

通常土壤含盐量以百分比表示[g(盐)· 100 g^{-1}(干燥土壤)],EC 反映的土壤溶液可溶性盐浓度与土壤含盐量存在线性关系。公式(1.1)中百分比转化为以 ds · m^{-1} 为单位的浸润提取物的导电性(EC)的比率为 40(彭成山 等,2006)。

黄骅市盐分淋洗需水量计算过程如下：

①淋洗用水为降雨，其含盐量为 0。

②黄骅市适宜改良的盐碱土含盐量为 0.3%～0.5%，改良后含盐量设为 0.2%，将含盐量百分比换算为 EC。

③将黄骅市与东营市的土壤特性进行对比，参考东营市的土壤淋洗特性值，设定黄骅市的土壤淋洗特性为 0.7、1.0、1.5（彭成山 等，2006），需要淋洗的土壤层深度即暗管埋深设为 60 cm、80 cm、100 cm。

根据公式（1.1）和黄骅市实际情况计算盐分淋洗所需水位，结果见图 1.1。图 1.1 表明：在最易淋洗情况下，淋洗系数为 0.7，暗管埋深 60 cm，初始含盐量为 0.3%，淋洗所需水位为 74 mm。较易淋洗情况下，淋洗系数为 0.7，暗管埋深 80 cm，初始含盐量为 0.3%，淋洗所需水位为 98 mm；或淋洗系数为 1.0，暗管埋深 60 cm，初始含盐量为 0.3%，淋洗所需水位为 106 mm。较难淋洗情况下，淋洗系数为 0.7，暗管埋深 100 cm，初始含盐量为 0.3%，淋洗所需水位为 123 mm。更难淋洗情况下，淋洗系数为 1.5，暗管埋深 60 cm，初始含盐量为 0.3%，淋洗所需水位为 158 mm。

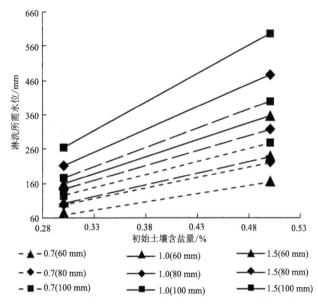

图 1.1　不同暗管埋深和淋洗系数时土壤淋洗所需水位

（图例中括号外数字为土壤淋洗系数，括号内数据为暗管埋设深度）

在滨海盐碱地区降雨过后土壤中的盐分会溶解在水中并随水分入渗而脱离上层土壤，使作物生长的耕作层土壤含盐量降低，因此，降水量是影响土壤脱盐的重要因素。从水分入渗的过程看，对于同一研究区而言，如果在一次降雨出现之前的某段时间内有降雨发生，由于前期降雨对于土壤水分影响的持续性，故会与本次降雨共同对土壤盐分淋洗起作用，特别是在降水脱盐效果明显的雨季。由于雨季每次降雨的时间间隔较短，前期降水对土壤含水量的影响不可忽视。因此，分析次降水特征对暗管改碱技术的有效性，必须先确定前期降水累加对本次降水的影响。

关于前期降水影响的研究主要出现在泥石流预报的相关文献中，本书采用韦方强等

(2005)确定前期有影响降水量的公式：

$$P_a = \sum_{i=1}^{n} P_i \times \frac{i + 0.08^3}{(i + 0.08)^3} \qquad (1.2)$$

式中，P_i 为预报前第 i 天的降水量，P_a 为预报前的总前期有效降水量，n 取经验值 20。

　　根据公式(1.2)计算每次降水前 20 d 的有影响降水量，之后累加得到对该次降水量淋洗脱盐有影响的前期总降水量。

　　一般称一日或连续几日发生的降水为一场降水或一次降水。根据水量平衡原理，试验区的水分输入为该次降水总量，水分输出中的蒸发量在降雨环境下可以忽略，为更有效利用雨水资源，试验区采取了人为措施收集降雨产生的径流并回灌，故一次降雨产生水量全部入渗土壤，其雨量大小直接决定着该次降水对土壤淋洗脱盐效果的大小。以往有关次降水量的研究中都欠考虑前期降水对本次降水量效果的影响。将次降水量对暗管改碱的有效水量定义为 P'：

$$P' = P + P_a \qquad (1.3)$$

式中，P 为当次降水量，即从降水量记录不为 0 的日期开始计算直到降水量记录为 0 的日期为止，中间所有数据累加得到次降水量数据；P_a 为前期有影响降水量[由公式(1.2)计算得到]。运用黄骅市 1961—2005 年逐日降水资料，得到次降水量(P)，再结合由公式(1.1)计算得到的结果，选定有代表性的有效水量(P')为 70 mm、100 mm、120 mm、150 mm 4 个情景，运用数学统计学方法分析得到此 4 种情景出现的次数、保证率和重现期(表 1.3)，并分析其对暗管改碱的有效性。其中保证率和重现期按水文学统计原理计算，即保证率为统计时间内，大于某一数值降水量的发生次数除以总年数，重现期为保证率的倒数。

表 1.3　1961—2005 年暗管改碱有效水量(P')的分布

有效水量 P'/mm	降雨次数/次	保证率/%	重现期/a
70	78	173	0.58
100	40	89	1.13
120	21	47	2.14
150	12	27	3.75

　　根据表 1.3 和公式(1.1)的计算结果可知：≥70 mm 次降水量年保证率为 173%，若暗管埋深 60 cm，土壤有 0.7 的淋洗特性，且将要改良的土壤初始含盐量为 0.3% 时，通过大气降水即可完全满足土壤的初次淋洗脱盐过程；当暗管考虑作物的生长情况而加深到 80 cm 时，若含盐量和淋洗特性不变，或者埋深、含盐量不变而土壤淋洗特性增大为 1 时，次降水量≥100 cm 也可满足淋洗要求，其保证率为 89%；当暗管埋深继续增加至 100 cm，在含盐量和淋洗特性都最低时需要 120 mm 的次降水量强度，保证率为 47%，此时需要应用灌溉设施来保证土壤改良效果；如果要改良的土壤含盐量高达 0.5%，即使在暗管埋深为 60 cm，土壤淋洗特性为 0.7 的情况下，仍需要大于 150 mm 的次降水量，降水量的保证率只有 27%，如果没有灌溉条件，单次降水改良很难取得良好效果。

　　综上所述，大气降水对土壤的淋洗效果由所需改良的土壤性质决定。实际工作中，根据试验测定的黄骅市各区域的土壤淋洗特性和含盐量结果，结合所需要的暗管埋深便可查算出需要水量，根据次降水量的保证率便可估算雨养条件下工程实施的效果。

（2）雨季降水量对暗管排盐技术有效性评价

在季风气候影响下，黄骅市降水年内变化很大，80％左右的降雨集中分布于6—9月，较大量且集中的降水到达地面并渗入土壤后，土壤中的盐分随水流向下运输，使盐碱土的盐分得到淋洗，因此，对降水的季节变化特征进行分析，可以较好地得到雨季集中降雨对盐分的淋洗效果。

对黄骅市 1961—2005 年的降水资料处理，得到各月平均降水量，如图 1.2 所示。从图 1.2 可以看出，黄骅市的降水主要集中在雨季的 6—9 月，总量为 454.1 mm，占全年降水总量 581.3 mm 的 79％，其中 7 月最大为 197.9 mm（占 34％），8 月次之为 139.7 mm（占 24％），6 月为 74.8 mm（占 13％），9 月为 41.7 mm（占 7％）。因此，降水对土壤的淋洗脱盐作用集中在雨季的 6—9 月。

方生等（2005）根据河北省沧州市南皮试验区 1974—1987 年 7 次雨季排水排盐量得到雨季降水量和单位面积排盐量关系方程：

$$Y = 64.9317 - 0.5233X + 0.0017X^2 \tag{1.4}$$

式中，Y 为单位面积排盐量（$t \cdot km^{-2}$），X 为雨季降水量（mm）。

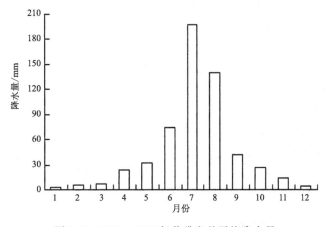

图 1.2　1961—2005 年黄骅市月平均降水量

黄骅市宜改良的中度盐碱耕地面积 11400 hm²，含盐量 0.3％～0.5％（岳耀杰 等，2010）根据黄骅市的有关资料应用公式（1.4）计算可得：要淋洗 30 cm 耕层土壤的盐分到 0.2％的含盐量，土壤容重按 1.15 g·cm⁻³ 计算，当土壤初始含盐量为 0.3％时需要脱盐 51300 t，雨季降水量需达到 655 mm；土壤初始含盐量为 0.5％时需要脱盐 153900 t，雨季降水量需达到 1053 mm。

根据公式（1.4）和黄骅市 1961—2005 年雨季降水量分布可知：①当雨季降水量超过 655 mm 时，可排盐 51472 t，能够满足含盐量为 0.3％的盐碱土的脱盐需求，45 年中有 6 年降水量超过此值，保证率为 22％；当原始含盐量为 0.5％时，只有最大雨季降水量 1053 mm 可以脱盐 159471 t，但这样的降水在 1961—2005 年 45 年内只有 1 次，故含盐量高的土壤仅靠天然降水来脱盐不能取得满意结果。②黄骅市代表年份的雨季降水量分析结果见表 2.4。从表 2.4 可以看出：雨季降水量大于 460 mm 的降水偏丰年份，保证率较高为 42％，排盐量为 20968 t，初始含盐量小于 0.24％的土壤可以改良到含盐量为 0.2％；雨季降水量大于 560 mm 的降水丰水年份，保证率为 24％，4 年一遇的降雨可改良初始含盐量小于 0.27％的土壤；对于含盐量为 0.3％的轻度盐碱地,雨季降水量大于 670 mm 时可以满足土壤淋洗脱盐的需要,其保证率为 13％,需要采取灌溉措施来保障脱盐过程的顺利完成;如果含盐量继续增加,则 9 年、11 年一遇的 730 mm、750 mm 的雨季降水量分别可改良初始含盐量为 0.33％、0.34％的盐碱土壤;对于重度盐碱地来说,仅靠雨季降水量不能取得满意的脱盐效果。

表 1.4　1961—2005 年黄骅市雨季降水量与其排盐效果分析

雨季降水量/mm	排盐量/t	降雨次数/次	保证率/%	重现期/a
460	20 968	19	42	2.37
560	34 770	11	24	4.09
670	54 429	6	13	7.50
730	67 129	5	11	9.00
750	71 672	4	8	11.25

综上分析,轻度盐碱地的改良可以利用雨季降水量来完成土壤初次脱盐,但含盐量稍高,雨季降水量则不能满足其需要,必须有灌溉措施来保证。

(3)年降水量及其年际变化对暗管排盐技术的影响评价

黄骅市 1961—2005 年的年平均降水量为 581.3 mm,其中年最大降水量为 1343.5 mm(1964 年),年最小降水量为 247.1 mm(1968 年),年最大与最小降水量变幅为 1096.4 mm。

对 45 年的年降水量做 9 年滑动平均处理,同时与各年降水量对比(图 1.3)。结果显示:黄骅市年降水量总体呈逐年减少趋势。1981 年以前除降水量明显低的 1968 年和 1965 年,1974—1976 年和 1979—1980 年两个少雨期外,年降水量一般都高于多年平均降水量。1982年以后即使是在降水量超过多年平均降水量的 10 个年份,其降水量也仅仅在 600 mm 左右,而其余 14 个降水偏少的年份年降水量一般不超过 400 mm。从 9 年滑动平均曲线中也可以看出:1981 年以前的年平均降水量大于 600 mm,1982 年以后的年平均降水量小于 600 mm,年降水量随时间呈减少趋势。

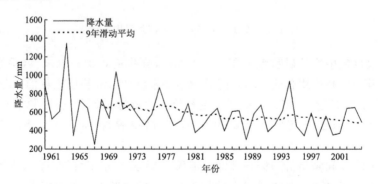

图 1.3　1961—2005 年黄骅市各年降水量及其 9 年滑动平均曲线

通过对年降水量及其年际变化和旱涝特征的分析,可以评价降水量对暗管改碱技术较长时期的影响。采用降水距平百分率(P_a)分析了 1961—2005 年黄骅市旱涝特征,距平百分率结果见图 1.4。

由图 1.4 可以看出,1961—2005 年黄骅市年降水量逐年减少,1979 年以后距平值一般为负值。根据中华人民共和国国家标准《气象干旱等级》和山东省评价洪涝的指标(裴洪芹 等,

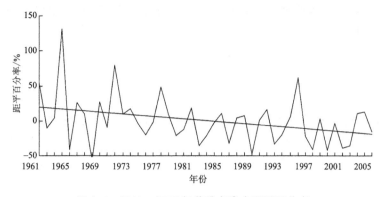

图 1.4 1961—2005 年黄骅市降水距平百分率

2008)(国家标准中没有洪涝的具体指标,故借鉴与河北省气候条件类似的山东省评价洪涝的指标),对 45 年降水距平百分率进行统计分类,并根据指标划定 P_a 值所对应年份的降水量得到降水量范围,同时计算旱涝重现期,结果如表 1.5 所示。

从表 1.5 可以看出,黄骅市 45 年中干旱年份 16 年,占 36%;洪涝年份 7 年,占 16%。可见,黄骅市平均降水特征以干旱少雨为主,轻旱和中旱发生的频率很高,对排盐碱有影响的洪涝年份很少,特涝每 15 年出现 1 次,轻涝和重涝出现的频率更低,每 22.5 年出现 1 次。综合降水距平百分率曲线的趋势分析与旱涝变异情况统计结果表明:从实施暗管技术的时间因素上看,在目前的自然气候条件下,随着时间的推移自然降水的可利用能力逐渐贫乏,必须考虑其他途径来保证土壤脱盐淋洗效果。

表 1.5 1961—2005 年黄骅市旱涝情况统计

旱涝分类	等级标准	降水量范围/mm	出现年数/a	重现期/a
特旱	$P_a < -45$	<319.7	2	22.5
重旱	$-45 \leqslant P_a < -40$	319.7~348.8	3	15.0
中旱	$-40 \leqslant P_a < -30$	348.8~406.9	5	9.0
轻旱	$-30 \leqslant P_a < -15$	406.9~494.1	6	7.5
无旱涝	$-15 < P_a \leqslant 20$	494.1~697.5	22	2.0
轻涝	$20 < P_a \leqslant 40$	697.5~813.8	2	22.5
重涝	$40 < P_a \leqslant 60$	813.8~930	2	22.5
特涝	$P_a > 60$	>930	3	15.0

(4)降雨有效性评价结论

在河北省滨海盐碱荒地和盐碱低产田开展暗管改碱技术,面临河北滨海盐碱区淡水资源严重短缺、灌溉条件差的问题。本研究表明:①以黄骅市为代表的河北省滨海盐碱区实施暗管改碱技术,当土壤含盐量<0.3%时,年内次降水量能够满足较快淋溶透水盐碱地的脱盐改良需求,降水量可完全满足土壤的初次淋洗脱盐过程,同时暗管的埋深需要适当考虑作物生长和机械投入成本,以取得较高的经济效益;当土壤盐分含量>0.3%时,在较容易淋洗的土壤上,适当增加暗管埋深,其脱盐需要的次降水量可基本满足;当土壤含盐量达到 0.5%左右时,自然降水不能保证土壤脱盐效果。②暗管埋设条件下,6—9 月降水量对大面积轻度盐碱地改良效果非常可观,可以很大程度地利用自然降水对土壤进行淋洗脱盐,节省灌溉所用的淡水资源;但重度盐碱地脱盐效果差。③黄骅市年降水量呈下降趋势,干旱年份多于洪涝年份,并且旱情较为严重,因此,未来推广实施暗管改碱工程时,必须考虑亏缺灌溉对自然降水淋盐的补充效果。

1.3.1.4 水位条件

浅层地下水受降雨和地表水体入渗、潜水蒸发及开采等综合因素影响。由于研究区境内几乎无浅层淡水,开采量一般很小,所以年际年内地下水埋深一般变化不大,埋深平均为 2 m 左右,无浅层淡水,地表水资源贫乏。地下水位浅是造成土壤盐渍化的重要因素,若能将地下水位控制在临界深度以下,将能从本质上改良盐碱地,提高土地增产能力。

暗管排盐技术主要适用于地下水埋深浅的区域,在这种条件下暗管可以很好地起到淋洗土体盐分和控制地下水位的效果。河北近滨海盐碱区主要是淤泥质冲积平原,因此,地下水位埋深均比较浅,比较适合于暗管技术的推广应用。

1.3.2 区域适宜性评价

通过试验与统计资料相结合的方式对河北省近滨海盐碱区盐碱土的土壤渗透性、地下水埋深条件和降雨条件是否满足暗管排水排盐技术实施的条件进行了研究(谭莉梅 等,2012)。研究结果显示:河北省近滨海盐碱区的土壤饱和导水率能够达到 6~8 m·d^{-1},土壤的导水能力强,能够满足暗管排水排盐技术的要求;河北省近滨海盐碱区的地下水埋深较浅,一般为 50~70 cm,适合进行暗管排水排盐技术;河北省近滨海盐碱区的年降雨量为 560~610 mm,70%以上降雨主要集中在 6—9 月,此类降雨条件和特征能够满足暗管排水排盐技术淋洗盐分的需要。

1.3.2.1 区域适宜性评价判别指标

根据河北省近滨海盐碱区暗管排水排盐技术实施特点,确定暗管排水排盐技术应用的判别指标主要包括:

(1)土壤类型条件:土壤类型必须为盐碱土,若不为盐碱土,则没有改良的必要性。

(2)海拔高度条件:在河北省近滨海盐碱区,海拔高度既是保证地势平坦的条件,也是保证地下水埋深的条件,本研究选择海拔高度小于 4 m 的区域为暗管排水排盐技术可以应用的区域。

(3)地下水埋深条件:次生盐渍化是因为高矿化度地下水在蒸发作用下上升至地表,引起地表盐分积累而形成的。但是当地下水埋深大于临界深度的时候,高矿化度地下水便不会再上升至根层或地表,不再发生次生盐渍化。不同土壤类型的毛管水上升高度一般小于 3 m,毛管水强烈上升高度一般小于 1.8 m。因此,选择地下水埋深小于 3 m 作为地下水埋深的判断指标。

(4)土地利用类型条件:为了研究暗管排水排盐技术对耕地面积增加和耕地产出能力增加的作用,因此,只研究能够通过暗管排水排盐技术改良的旱地、水田、裸土地、未利用盐碱地和滩地。

1.3.2.2 数据来源

河北省近滨海地区盐碱土分布图由全国 1∶4000000 盐碱土分布矢量图截取所得(图1.5),海拔高度数据来自航天飞机雷达地形测绘任务(Shuttle Radar Topography Mission, SRTM)所测量的 30 m 分辨率的数字高程模型(Digital Elevation Model,DEM)数据,地下水埋深数据由 2005 年 1∶1600000 华北平原浅层地下水埋深图得到,土地利用类型图由 2010 年专题制图仪(Thematic Mapper,TM)影像在完整的遥感图像处理平台(The Environment for Visualizing Images,ENVI)软件中经过监督解译的方法解译获得,并从解译图中提取旱地、水田、裸土地、未利用盐碱地和滩地进行暗管应用适宜性分析。

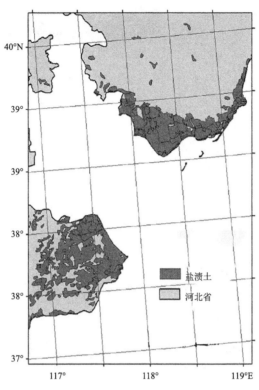

图 1.5　河北省近滨海地区盐碱土分布

1.3.2.3　区域适宜性评价结果

应用 GIS、RS 等信息技术结合相关数据,经过叠加分析,得到河北省近滨海区域的适宜区域分布(图 1.6),计算得出河北省近滨海区适宜暗管排水排盐技术的总面积为 3.90×10^5 hm^2。在适宜暗管排水排盐技术应用的区域中,耕地(旱地和水田)面积为 3.73×10^5 hm^2(包括毛沟),根据每隔 50 m 挖取宽度为 8 m 的毛沟来计算,原有耕地面积为 3.21×10^5 hm^2,其中毛沟面积为 5.14×10^4 hm^2。除耕地(旱地和水田)之外的 1.76×10^4 hm^2 为由荒地等其他用地类型转化而来的新增耕地面积。由此可以得出,暗管排水排盐技术实施后,河北省近滨海区新增耕地(包括由毛沟转化为耕地和由荒地转化为耕地)总面积为 6.90×10^4 hm^2,新增面积占原有耕地面积的 21.5%。

1.3.3　暗管排盐工程治理高水位盐碱地的可行性

石元春等(1986a)曾指出,高水位盐碱区盐渍化严重的原因有两个:一为土壤水分蒸发后,盐分在表层土壤中累积;二为高潜水位的顶托作用影响了土壤的水盐运动,土壤盐分要被淋洗需克服顶托力和蒸发力。因此,通过排水降低地下水位是最有效的盐碱地治理方式。相对于明沟排水排盐,暗管排盐工程具有占地少、适用性高、效果好、用时长等显著优势,是滨海高水

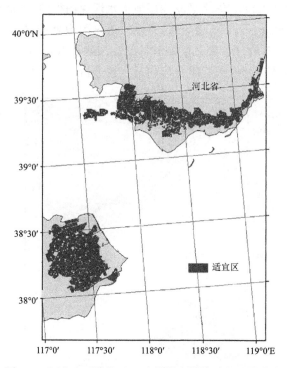

图 1.6　河北省近滨海地区暗管排水排盐适宜区域分布

位盐碱地治理的首选方式(王德超　等,2005)。

　　国内诸多学者也对此进行了多次试验验证。20 世纪 80 年代引进暗管排盐技术并在黄河三角洲盐碱区的应用结果显示,该地区通过铺设地下暗管,能够弥补明沟间距过宽的缺陷,脱盐效率高,节水效果显著(杨玉珍,2008)。徐彬冰等(2018)在江苏南通的暗管试验区内开展了考虑不同外包料下不同间距和埋深的暗管排水组合的试验,结果显示暗管埋深 90 cm、间距为 10 m 时脱盐率可达到 65% 左右,为江苏沿海垦区暗管排水系统布置提供了参考。孔维航(2021)以黄河三角洲区域盐碱土为研究对象,通过布设对比试验得到铺设地下暗管能显著提高区域盐碱土的排盐效率,不同暗管开孔率和直径的影响差异明显,对于黄河三角洲区域盐碱地,当暗管开孔率为 9%、暗管直径为 90 mm 时,盐碱土最大脱盐率可达到为 35.1%。

1.4　河北滨海盐碱地暗管排盐工程技术参数与标准

1.4.1　暗管排盐工程关键技术参数确定方法

1.4.1.1　暗管埋设工程实施参数确定

　　1)暗管埋设的间距与埋深确定

　　在对暗管埋设条件下土壤水盐运移规律研究的基础上,更有针对性地设计暗管埋设关键参数,其中最关键的就是暗管埋设的间距和埋深。

　　(1)大田试验确定

　　根据前面所确定的大田试验设计,试验设计面积为 400 m×200 m(横向 200 m,纵向 400 m)范围内,设置 5 个试验处理:

①无管对照区。

②1 m 埋深 20 m 间距。

③1.2 m 埋深 30 m 间距。

④1.4 m 埋深 40 m 间距。

⑤1.6 m 埋深 50 m 间距。

整个试验区分为 6 个区,包括两个参考区,根据试验结果的对比分析研究,得出暗管埋设的最佳间距和埋深为:埋深为 1.2 m、间距为 30 m。

(2)模型模拟确定

根据暗管排水时机与排量试验结果,在模型模拟支持下,确定土壤盐分控制水平与经济成本双重考量下的埋深与间距。

通过前面运用的 DRAINMOD 模型,模拟运行计算的结果,确定出最佳埋管方案为 1.2 m 埋深,30 m 间距,可以实现两天内排水深度降幅为 45 cm;1.2 m 埋深,50 m 间距可以实现两天内排水深度降幅为 30 cm。

2)暗管埋设的田间施工参数确定

除暗管埋设的埋深和间距外,其他田间施工的主要参数包括:田间埋设暗管的规划布局与设计、集水井位置与布局、提水泵站的设计容量等技术实施设计参数;外包滤料要求、暗管材料要求等材料参数;暗管走向、坡降比、灌水量、灌水时机、频次等标准参数。这些具体参数将在 1.4.2 节中详细阐述。

1.4.1.2　基于土壤水盐运移规律的排水关键参数确定

(1)基于土壤全盐含量年变化特点的排水关键点确定

在未埋设暗管的盐碱荒地土壤全盐含量呈现"先升后降再升"的年变化规律。4—6 月土壤全盐含量在一年中最高,均高于 6.0 g·kg^{-1},峰值出现在 5 月,土壤全盐含量为 8.33 g·kg^{-1}。

在暗管埋设后的盐碱地,4—6 月通过控制性排水和定水位排水都显著地降低了土壤全盐含量。选择一定关键点(返盐严重期或作物生长对盐分最敏感期)控制性排水可以将土壤全盐含量从 6.02~8.33 g·kg^{-1} 降低到 3.55~4.56 g·kg^{-1},降低约 1 倍。定水位抽水可以将土壤全盐含量从 6.02~8.33 g·kg^{-1} 降低到 2.99~3.21 g·kg^{-1},降低 1~2 倍。

除 4 月外,关键点排水和定水位排水对土壤全盐含量的影响没有显著差异。两种抽水方式均能使冬小麦和棉花安全度过盐分敏感期。7—8 月,随着降雨量的增加,盐碱荒地土壤全盐含量迅速下降到 3 g·kg^{-1} 以下甚至更低,同期暗管埋设区排水对土壤全盐含量的影响不大。因此,暗管埋设排水排盐的最佳时期为 4—6 月,此期间通过控制性排水或定水位排水,降低地下水位,阻滞地下水盐分随蒸腾上升,从而达到良好的控盐效果,可使冬小麦、玉米、棉花、谷子等作物安全度过盐分敏感期(图 1.7)。

(2)基于土壤相对含水量年变化特点的排涝与定水位关键点确定

盐碱荒地和暗管埋设区的土壤相对含水量均呈现"先降后升再降"的年变化规律。1—3 月土壤相对含水量 65.0%~85.3%,盐碱荒地的相对含水量大于暗管埋设区。4 月以后,随着气温的回升,土壤蒸发量和作物蒸腾量增加,盐碱荒地和暗管埋设区的土壤相对含水量均迅速下降,到 5 月达最低,相对含水量在 33%~40%,荒地相对含水量最大。暗管埋设区排水后土壤相对含水量较盐碱荒地小,控制性排水和定水位排水相比,定水位排水对土壤相对含水量的

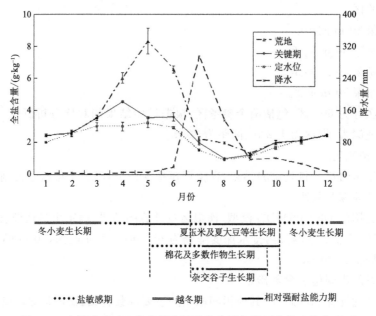

图 1.7　暗管试验区土壤全盐含量及降水量与主要作物生长期对照

降低影响更大。6—9 月随着降雨量增加,暗管埋设区和盐碱荒地的相对含水量迅速增加,盐碱荒地、关键点控制性排水和定水位排水 3 种地块的相对含水量存在显著的差异,盐碱荒地最大,关键点控制性排水次之,定水位排水最小。雨季盐碱荒地出现土壤相对饱和或过饱和状态,田间地表产生积水,土壤相对含水量在 95%～105%,关键点控制性排水处理地块的土壤相对含水量在 75%～85%,定水位排水的土壤相对含水量在 55%～60%,为最适合作物生产的田间持水量。10 月以后各种处理地块的土壤相对含水量均开始下降,到 12 月土壤冻结时 3 个处理地块的土壤相对含水量基本持平,无明显差异。

综上所述,对于试验地的排涝应集中在 7—8 月。暗管具有良好的排涝作用,在作物生长关键时间节点抽水,可以使水位反复交替升降,能够保持耕层土壤在最适持水量。但是,应当注意的是,定水位排水有可能会引起局部间断性干旱,这是需要进一步研究确认的问题(图 1.8)。

选择雨季的 8 月进行暗管排涝效果案例研究:8 月有 3 次比较大的降水,盐碱荒地出现明水,且持续时间较长,暗管试验区周边棉田多出现涝害。在 3 次较大降水后进行了暗管排水排涝试验。试验结果显示,无论是关键点控制性排水还是定水位排水,都能够迅速将地下水埋深降低到 40 cm 以上,使作物免遭涝害。盐碱荒地或试验地周边棉田,在整个 8 月,其地下水埋深均在 0～40 cm,且有较长时间明水浸泡,这种情况导致作物根系缺氧死亡,降低了作物产量,甚至导致作物直接死亡。暗管排水能够在 24 h 内将地下水埋深增加 30 cm,保证暗管埋设区域内作物在短时间内摆脱涝害。关键点控制性排水后,地下水埋深以 3～5 cm · d^{-1} 的速率迅速回升,除有较大降雨过程外,一般回升不会超过 40 cm 地下水埋深线。关键点控制性排水和定水位排水对降低水位的速率一致,在降低水位方面没有区别,两者的区别在于关键点控制性排水后水位上升对土壤全盐和土壤水分的影响上,关键点控制性排水在耕层土壤的含水量和含盐量方面要高于定水位抽水(图 1.9)。

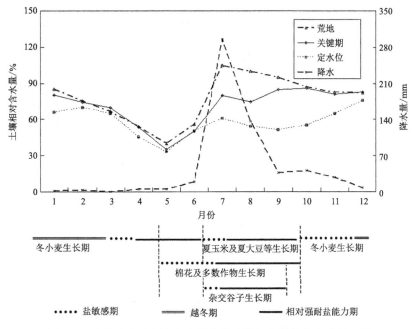

图 1.8　暗管试验区土壤含水量及降水量与主要作物生长期对照

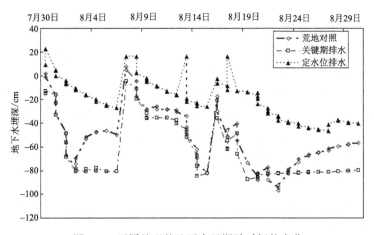

图 1.9　不同处理的地下水埋深随时间的变化

（3）基于土壤盐水比率年变化特点的排水方式确定

土壤盐水比率（土壤全盐和土壤相对含水量的比率）相比土壤全盐含量，更能说明作物生长与盐害之间的关系。土壤盐水比率呈现与土壤全盐含量相似的"先升后降再升"的年变化特点。盐碱荒地和暗管埋设区的土壤盐水比率在 3 月开始迅速上升，5 月达最大值。暗管埋设可以显著降低土壤盐水比率，5 月盐碱荒地的土壤盐水比率为 20.8%，暗管埋设处理后下降到 9.7%~10.1%。暗管处理区的关键点控制性排水与定水位排水的土壤盐水比率不存在明显差异，但定水位排水的能源电力等耗费要远高于关键点控制性排水，从控盐效果和效益角度讲，关键点控制性排水更适合（图 1.10）。

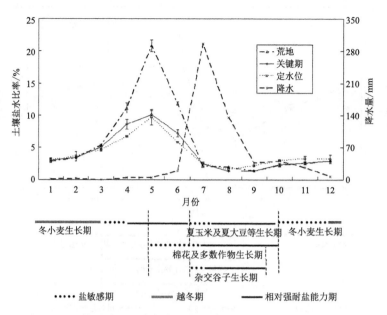

图 1.10　暗管试验区土壤盐水比率及降水量与主要作物生长期对照

1.4.2　暗管排盐技术标准制定

暗管排水排盐技术已经被广泛用于盐碱地治理,但是不同的单位或个人对暗管埋设和使用过程中的术语、重要参数确定方法、实施原则、养护和管理等有不同的理解,造成了行业内用词混乱。为了规范暗管排盐实施和使用过程,推广先进的暗管排水技术,本节对重要技术参数确定、技术设计与施工要求 3 个方面展开了详细叙述。其主要内容来源于河北省地方标准《滨海盐碱区暗管改碱排水技术规程》和《滨海区盐碱地暗管改良土壤培肥技术规程》,因此,本节内容虽可指导暗管排水排盐工程的顺利实施及保障暗管改良盐碱地土壤肥力周年平衡,但其对河北(环渤海)盐碱区的适应性更强。

1.4.2.1　关键技术参数确定方法

暗管埋设的关键参数有 3 项,分别是暗管埋深、暗管间距和抽水时机的确定。

(1)暗管埋设深度

暗管埋设深度受多种因素影响,首先暗管埋设必须低于地下水临界深度,才有可能将地下水埋深降低到临界水位以下。其次,试验研究发现,距离暗管越近地下水埋深越深,两根暗管中间位置的地下水埋深较暗管正上方显著浅,中间较暗管正上方高出的部分为滞留水头,因此,暗管埋设的具体深度要考虑这部分因素,同时也要考虑暗管本身的直径。因此,暗管埋设深度(H)用下述方法计算:

$$H = H_k + \Delta h + 0.5\,d \tag{1.5}$$

式中,H 为一级管(田间排水吸水管)埋深,单位为 m;H_k 为地下水临界深度,单位为 m;Δh 为滞留水头(取 $0.3 \sim 0.5$ m),单位为 m;$0.5\,d$ 为一级管管径,单位为 m。

(2)暗管埋设间距

在确定了暗管埋深以后,根据土壤渗透系数、横向导水率、土壤渗透曲线、土壤容重、放射方式的几何阻抗、暗管内部湿润周等参数依据 Hooghoudt 公式或 Ernst 公式原理,通过 DRAINMOD 模型软件进行适宜间距模拟运算,获得最适间距阈值。

$$q = \frac{8 K_b Dh + 4 K_t h^2}{L^2} \tag{1.6}$$

式中,q 为排水量(m·d^{-1}),K_t 为暗管上面部分渗透系数(m·d^{-1}),K_b 为暗管下面渗透系数(m·d^{-1}),D 为暗管中水面到不透水层面间的距离,h 为暗管滞留水头(剩余水头),L 为暗管间距。Ernst 公式把进入暗管的水流分为 3 个部分:垂向、水平、辐射。

$$h = q \left[\frac{D_v}{K_v} + \frac{L^2}{8 \sum (KD)_h} + \frac{L}{\pi K_r} \ln \frac{a D_r}{u} \right] \tag{1.7}$$

式中,K_v 为垂向饱和导水率,D_v 为暗管中水面到不透水层面间的垂向距离,$\sum (KD)_h$ 为水流水平方向上的土壤导水系数 m^2·d^{-1}。K_r 为辐射方向饱和导水率,a 为放射方式的几何阻抗,u 为暗管内部湿润周,D_r 为辐射方向上所需考虑的土层厚度。

在间距设定的过程中,应考虑作物耐淹历时,一般为 2~3 d,视作物而定。

(3)抽水时间的确定

对于抽水时机的选择,在不同的季节有不同的方案,春季以防止蒸发积累盐分为主,在夏季以排水排涝淋洗盐分为主。相邻两次抽水的时间间隔应根据地下水回升速率、作物对盐分和水分的最长忍耐时间、最适地下水埋深等参数确定。

$$T < (OGT - CWT) / R_r + \min\{DSTC, CISTT\} \tag{1.8}$$

式中,T 为排水时间间隔;OGT 为最适地下水埋深;CWT 为地下水临界埋深;R_r 为地下水回升速率;DSTC 为作物耐淹历时;CISTT 为作物最大耐盐时间。

1.4.2.2　暗管排盐技术规划设计

(1)暗管布局设计

暗管布局设计关系整个暗管排水排盐系统的运行效果和技术的工程投入成本。暗管排水排盐系统中暗管与集水管的布设应根据当地的气候、作物种类、土壤理化性质、水文条件、周围的环境等具体情况而定。

暗管排水排盐系统管道的布置应与本地自然地理情况及所设计的暗管排水排盐系统的功能相匹配。河北省滨海盐碱区属于滨海平原,地势平坦;盐碱荒地多成片连接,盐碱低产田多为规则条田;由于地处冲积平原西高东低,壤中流也以自西向东流为主;为了发挥暗管排水排盐系统排除涝渍、辅助淋洗盐分与抑制地下水返盐的作用,经查阅相关文献,结合本地实际情况,制定河北滨海盐碱区暗管排水排盐系统管道的建设原则与要求:

①暗管排水排盐系统之暗管布局设计前,应进行实地勘查、资料收集,获取坡度、坡向、高程等地形要素信息,以及原有各级灌溉排水工程等。

②由于河北滨海盐碱区为地势平坦、田块规整的平原区、土壤土质相对均匀,排水条件大体一致,因此,吸水管应平等等距间布置,采取 B 型或者 C 型铺设方案。

③由于地势西高东低,壤中流也是自西向东,为了增强暗管的渗水能力,所以条件允许情况下暗管埋设应以南北走向为主,使与地下水流动方向的夹角最大。

④多级暗管排水排盐系统吸水管可以布置在集水管一侧或两侧,同侧吸水管应平行布置,同一区域吸水管埋深和间距一般应一致。

⑤暗管应当在沟、渠、河、湖岸、湿地等水域某距离缓冲区以外埋设,以防止影响水域功能。

⑥当暗管直接将水排入明沟渠时,应做好避免日照老化、淤泥堵塞问题,也应采取适当防止边坡坍塌措施。

⑦暗管排水排盐工程建设实施时,可施用有机肥、绿肥、大麦秸秆、糠醛渣等有机物料和磷石膏、硫酸亚铁等无机物料对土壤进行处理,减轻或防治土壤次生盐渍化,改善土壤理化性状,同时应避免打乱表土熟化层与底层生土层。

(2)集水井与检查井

集水井与检查井是暗管排水排盐系统重要的附属设施。由于河北滨海盐碱区是冲积淤积平原,土层的稳定性相对较弱,且该区域的暗管排水排盐主要用于低产田改良,因此,其区别于滨海盐碱区市政绿化有点相异的特征。

本地区原使用明沟进行排水与淋碱工作,采用暗管替代明沟的优势不仅仅是可能增加耕地面积,还可以去除明沟在大规模化农业机械作业方面的限制。根据河北滨海区的自然地理特点及最大限度地集约利用耕地与便于农业机械化作业,在试验研究与文献资料参考的基础上,提出河北滨海盐碱区暗管排水排盐系统中集水井与检查井的建设原则与要求:

①冲积淤积平原暗管先进于明沟的优势之一就是方便大规模机械化作业,所以不应让集水井与检查井成为限制大规模机械化作业的障碍,应将其加密封盖后埋于耕层以下。

②集水井与检查井应埋于耕层 20 cm 以下,一般距地表距离不小于 50 cm,便于农田机械化作业,如耕地与深松等作业。

③检查井底、集水井底和集水沟底与进出水管口距离应不低于 50 cm,用作淤泥沉积预留深度,以防止进水口被堵塞。

④铺设集水井与检查井底部应以保证管体稳定为原则,注意克服冲积淤积土壤容易出现沉降的问题。

⑤对于埋于地下检查井、集水井、暗管两端位置应做亚米级全球定位系统(Global Position System,GPS)及以上高精度定位,并记录对应坐标信息,或者采用可以达到同等精度的其他定位方法。

在暗管大规模应用过程中,由于耕作需要,检查井、集水井、暗管都会埋于地面以下。作物种植后由于耕作对土壤的扰动以及作物对视野的遮挡很难找到地下检查井、集水井、暗管的具体位置,对暗管工程的维修和检测造成了困难。在最初的应用中采用地面标示物,地下埋设铁块并采用金属探测器搜索的做法,这些方法在实际应用中多出现标示物丢失,探测困难等问题,因此,在标准制定中选用了高精度 GPS 定位,进行检查井、集水井、暗管位置定位,以期节省工作时间,提高工作效率。

(3)外包滤料

外包过滤材料是暗管排水工程中质量能否有效保证的关键。

暗管滤料主要包括以下 3 类:

①天然有机材料,如稻草、麦秸、芦苇、棕皮、刨花、锯末、稻壳和泥炭等,多用于土壤淤积倾向较轻的地区。

②无机材料,如沙砾、石屑、碎炉渣、碎砖瓦渣和贝壳等。

③人工合成材料,如透水泡沫塑料、玻璃纤维、土工织物等,其中玻璃纤维在铁、锰含量较高的土壤中不宜使用。

经过级配的沙砾料是传统的过滤材料,实践表明其反滤排水效果是显著的,当地有沙源或经济条件允许应用级配沙砾料应是最优方案。对于缺少沙源的暗管埋设区,购买沙石滤料运输成本较高,所以有必要对区域适用性滤料进行筛选。

本着降低暗管技术应用成本与节约利用资源的考虑,本着就地或者邻近取材的原则,还可对芦苇秸秆和尾矿矿渣作为暗管滤料的可行性进行初步研究。

试验研究在补水淋溶和重力水下渗作用下两种滤料的导水性能与暗管内滤料的淤积情况。初步研究结果显示,芦苇秸秆滤料具有足够的导水能力,但是对泥沙进入暗管的过滤作用差,很快就会导致暗管内部泥沙沉积,且由于是有机质滤料,其使用寿命也较短。取自唐山迁西马兰铁矿区的选矿尾矿矿渣,由于其颗粒粒径太小,类似于粉沙类土壤,导水性不能达到国家标准《灌溉与排水工程设计标准》(GB 50288—2018)关于农田排水工程暗管管材和外包滤料选用规定的要求,即外包滤料的渗透系数应比周围土壤大10倍以上。

由于芦苇秸秆滤料与尾矿矿渣滤料均不适作为暗管滤料使用,因此,应加强土工织物等人工外包过滤材料的重点研究。

1.4.2.3　暗管排盐工程施工要求

(1)管材选用

暗管管材应符合《农田排水用塑料单壁波纹管》(GB/T 19647—2005)的质量要求。暗管宜采用同一尺寸规格,且内径一般在8~11 cm。集水管可根据汇流情况分段采用不同内径,且内径一般在15~25 cm为宜。当排水标准达不到要求时,可另增设平行集水管。

(2)滤料选用

外包滤料应同时具备过滤和水力学功能。散铺外包滤料宜就地取材,选用耐酸、耐碱、不易腐烂、对农作物无害、无污染环境、方便施工的透水材料,鼓励使用新型材料或者工矿废料。散铺外包滤料的厚度与粒径等可根据当地实践经验选取,厚度一般以8 cm左右为宜。

(3)检查井与集水井(沟)

检查井一般应设置在管道交接处、管路转角和比降突变处,以及穿越沟、渠、路的两侧。当管道较长时,每隔200~300 m也应设置一个检查井。

(4)暗管改良盐碱地土壤培肥时间要求

绿肥培肥时间根据暗管埋设时间确定,暗管秋天埋设则在次年春天种植一次绿肥,暗管春天埋设则在当年秋天种植一次绿肥。

有机肥料一般做基肥,在农田休闲期或作物播种前结合翻耕进行培肥。

无机肥料根据作物需肥特性按需施肥。

(5)暗管改良盐碱地土壤培肥用量要求

土壤含盐量低于3 g·kg^{-1}时,可种植绿肥。播种量取决于绿肥作物品种,单作绿肥生长盛期能覆盖农田地面;间套绿肥应能覆盖绿肥种植行或种植地面。

土壤有机质含量低于18 g·kg^{-1}时,可增施有机肥。粪肥、厩肥、沼肥和其他有机肥料一般用量为每亩①1~3 t,饼肥每亩0.1~0.5 t,商品有机肥料按具体产品推荐量施用。

采取测土配方、随时监控施肥技术,根据土壤养分供应能力和作物需肥特性施肥。施用无机肥料时要实行氮肥总量控制、磷肥衡量补充和钾肥适当补充的原则。

---

①　1亩≈666.67 m²,下同。

（6）其他要求

为保证暗管排水排盐工程质量、降低建设成本，施工期宜选在非汛期的农闲和地下水位较低的季节，不宜选择土壤结冻的冬季施工。铺设暗管与集水管的管沟底部应以保证管体稳定为原则，在可以完成暗管铺设作业条件下，应尽可能减小管沟底部宽度。

通常按先集水管后暗管，先下游后上游的顺序施工。必要时应采取预排水施工措施，严禁在泥水中作业。管沟回填土应分层踏实，严禁用淤泥回填，并宜将原耕作土回填在表层，且略高于地面。每条暗管沟从开挖至回填宜在无雨日内连续完成。

各类附属建筑物可在铺管后施工，其全部结合部位应密封好，并做好基础及回填土的夯实处理。进水口、出水口应有防护设施，避免日照老化、淤泥堵塞问题产生，出水口为明渠时，应有防止边坡坍塌措施。

1.4.2.4　暗管排盐工程后期维护

（1）系统维护应以设计标准为依据，确保排水通畅和设施完好、运行正常。应对暗管排水排盐工程管理人员进行必要的技术培训。滨海盐碱区暗管排水排盐工程管理应包括经常性的维护、季节性的整修和临时性的抢修以及排水工程控制运用、挖潜改造、排水效果监测和必要的试验工作。

（2）暗管工程在运行初期应沿管线经常巡视，发现凹坑应及时填平；以后可每年定期检修一次。对于出流量明显减少或含沙量明显增多的管道，应查找原因，及时处理。

（3）排水建筑物和各种设备应经常维护、定期检修，确保运行良好，并符合下列规定：各类排水建筑物完整无损、无冲刷、无淤积，闸门启闭灵活。对于主要建筑物应建立专门的检修制度或维修养护条例。泵站水池、检查井、集水井中的淤泥及拦污栅前的各种杂物应经常清除，各种井盖应严密盖好。集水井、检查井、排水泵站及相关动力机械与电气设备应严格保养，每年全面检修一次，确保安全运行。

（4）寒冷地区在冬季应做好有关设施及设备的防冻保护。定期检查暗管淤积堵塞情况，发现淤积排水不畅时，应及时使用专用冲洗设备疏通。

（5）暗管埋设后，根据暗管埋设和使用情况结合土壤理化性质采取对应的土壤培肥方式方法，包括绿肥培肥、有机肥、微生物肥、有机无机复混肥等的使用，并对土壤培肥效果进行周期监测。

1.5　河北滨海盐碱地暗管排盐生态工程框架设计

1.5.1　生态工程概念与设计原理

1.5.1.1　生态工程概念

1962 年，美国生态学家 H. T. Odum 最早提出了生态工程（Ecological Engineering）的概念，并提出了生态学应用的新领域：生态工程学，并把它定义为"为了控制生态系统，人类应用来自自然的能源作为辅助能对环境的控制"。1984 年，我国生态学家、生态工程建设先驱马世骏（1984）给生态工程下的定义为："生态工程是应用生态系统中物种共生与物质循环再生原理，结构与功能协调原则，结合系统分析的最优化方法，设计的促进分层多级利用物质的生产工艺系统"。云正明等（1998）对生态工程的定义为：生态工程是"应用生态学、经济学的有关理论和系统论的方法，以生态环境保护与社会经济协同发展为目的（也可以理解为可持续发展），对人工生态系统、人类社会生态环境和资源进行保护、改造、治理、调控、建设的综合工艺技术体系或综合工艺过程"。根据实践和研究的进展,王如松(2001)又将生态工程定义修订为:"为了人类社会和自然双双受益,着眼于生态系统,特别是社会－经济－自然复合生态系统的可持续发展能力的整合工程技术。促进人与自然和谐,经济与环境协调发展,从追求一维的经济增长或自然保护,走向富裕、健康、文明三位一体的复合生态繁荣和可持续发展"。

生态工程与传统的在末端治理的环境工程及寓环保于生产中的清洁生产工程有所不同,呈现出其独特的特点(表 1.6)。

表 1.6　生态工程与传统环境保护工程、清洁生产工程的比较

工程类别	生态工程	传统环境保护工程	清洁生产工程
对象	生态系统,特别是社会—经济—自然复合生态系统	局部环境——污染物排放点	工艺流程——技术链
目标	多目标,优化功能,同步获得生态环境、经济和社会效益	单一,污染物减量,达标排放	单一,污染物产生最少化,零排放
方向	生态功能	环境影响	工艺过程
模式	寓环保于生产和消费中,从源到汇再从汇到源,良性循环	先污染后末端治理	寓环保于生产中
设计原则	按自然设计	人为的恢复	部分模拟自然
策略	能力建设	补救污染	防止污染
结构	网状、自适应性	链式、刚性	链式、刚性
规模	多样化、组合化	单一化、大型化	单一化,组合化
系统耦合	纵向、横向和区域、部门内及外	纵向,部门内	纵向,部门内
物流途径	组合式,从源到汇再从汇到源良性循环	开放式,向环境排放	半开放式,产品输出、废物在内部转化、再生
主要过程	人＋自然	物理的	人＋机器
功能	产品＋生态服务＋社会服务	处理三废达标	产品＋三废处理
能源	太阳能、风能等自然能及可再生能源为主	化石燃料及电为主	化石燃料及电为主
人类介入	天人调谐	从外部	友好参与
稳定性	抗外部干扰性强	对外部依赖性高	对外部依赖性高
代价	合理	高	可耐受
可持续能力	高	低	适当
历史	3000 多年	30 多年	10 多年
循环	绝对需要	可接受	合于需要
共生	强烈地需要	很少	可采取
环境效益	整体,长远	局部,当前	局部,当前
经济效益	投入及运转费低,多层分级利用增加收入	投入运转费高,无直接收入	增产节约,有直接收入

1.5.1.2　生态工程设计原理

1)生态工程设计

生态工程设计是生态工程建设的核心。明确生态工程设计的特点,是进行良好的生态工程设计的根本。生态工程作为一门应用性学科,离不开设计环节,生态工程的课程设计中应该注重生态系统设计和管理,可见设计的重要性。在生态工程基本原理及设计原则的基础上,王如松等(2001)提出了生态工程调控的开拓适应、竞争共生、连锁反馈、系统乘补、循环再生、多样性主导性、结构功能、最小风险等8条设计原则,该原则成为指导生态工程建设的基本原则。

由于传统工程是基于固定目标而进行的标准化设计,对应用的环境较少考虑,系统往往缺乏弹性。生态工程设计应以研究区生态系统为学习对象,并同时考虑工程设计前期与后期的环境影响。由此,Scott 等(2001)提出生态工程的设计原则:①遵循生态学原理进行设计,如自组织、多样性和复杂性、循环再生等;②根据实地情况进行设计;③保持设计功能的独立性,以满足人类自身通过设计获得自然所未能提供的功能,但同时又不会对自然过程产生影响;④能量和信息高效的设计;⑤认同促成设计的目的和价值。

2)生态工程设计的基本原理

生态工程设计的基础是生态学基本原理。生态工程基本原理有很多,国内外普遍接受的生态工程基本原理是建立在整体、协调、循环与自生四大原则基础上的开拓适应、竞争共生、连锁反馈、系统乘补、循环再生、多样性主导性、结构功能与最小风险八大基本原理(颜京松 等,2001)(图 1.11)。

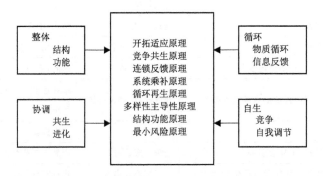

图 1.11　生态工程基本原理及设计原则

生态工程主要理论包括生态学理论、恢复生态学理论、生态经济学理论、系统工程学理论、可持续发展理论以及循环经济理论等。在以上重要理论的指导下,生态工程设计应主要遵循生态学原理、协调与平衡原理、整体性原理、系统学与工程学原理、生态经济原理、可持续发展原理。

(1)生态学原理

①生态因子综合作用原理。生态系统中各种生态因子都是同时存在同时起作用,它们彼此联系、互相促进、互相制约,任何一个因子的变化都会引起其他因子的变化,生态因子之间不可相互替代,但可以相互补偿,生态学家结合最小因子定律和耐受定律提出了限制性因子的概念。生物的生长和发育不仅取决于各种生态因子的综合作用,而且更依赖于限制性因子的作用,暗管排盐生态工程就是改善生物生长和发育的盐分限制作用。

②生物多样性原理。生物多样性是生命有机体及其借以生存的生态复合体的多样性和变异性,包括所有的植物、动物和微生物物种以及所有的生态系统及其形成的生态过程。生态系统中的顶级群落,是最稳定且高效的,它的主要特征之一就是组成生物种类繁多而且均衡,食物链(网)纵横交织。其中某一种群偶然增加或减少,其他种群就可以及时抑制代偿,从而保证系统具有较强的自组织能力。滨海盐碱区在实施暗管生态工程时,要充分考虑物种多样性及强调乔-灌-草的合理配置,形成多样的植被类型和复杂的群落结构,营造适合生物生存的良好环境,保障植被建设的效果和群落的持续性和稳定性,做到生物多样性维持与暗管排盐生态工程协同改善盐碱地生态系统。

③生态系统服务功能原理。生态系统服务是指人类直接或间接从生态系统得到的利益,主要包括向经济社会系统输入有用物质和能量、接受和转化来自经济社会系统的废弃物,以及直接向人类社会成员提供服务(如人们普遍享用洁净空气、水等舒适性资源)。暗管排盐生态工程通过降低土壤盐分含量、改善土壤孔隙结构、增加生物多样性等提高盐碱地生态系统的生产、净化、土壤保持等生态系统服务功能。

(2)协调与平衡原理

所谓协调与平衡原理,即经济法从社会整体利益出发,协调各利益主体的行为,平衡其相互利益关系,以引导、促进或强制个人目标和行为运行在社会整体发展目标和运行秩序的轨道上,通过对利益主体作超越形式平等的权益分配,以达实质上的利益平衡和社会公正。暗管排盐生态工程的有效实施需要立足当地土壤条件、水资源条件,充分利用气象条件(雨季降水),协调与平衡作物经济效益、系统生态效益,从而引导生态系统向良性方向发展。

(3)整体性原理

整体性原理,就是把研究对象看作由各个构成要素形成的有机整体,从整体与部分相互依赖、相互制约的关系中揭示对象的特征和运动规律,研究对象的整体性质(张同钦,2011)。暗管排盐生态工程实际上是将暗管与农田生态系统看作一个整体,暗管是人类改良盐碱地农田环境的重要手段,暗管排水排盐会改变作物生长的农田微环境,同时作物在生长发育过程中也会调控土壤水盐状况,长期趋势必然是建立良性的社会—经济—自然复合系统,统一协调各种关系,保障农田生态系统的平衡与稳定。

(4)系统学与工程学原理

系统学和工程学实际上是一种组织管理技术。所谓系统,首先是把要研究的对象或工程管理问题看作是一个由很多相互联系相互制约的组成部分构成的总体,然后运用运筹学的理论和方法以及电子计算机技术,对构成系统的各组成部分进行分析、预测、评价,最后进行综合,从而使该系统达到最优。系统工程学的根本目的是保证最少的人力、物力和财力在最短的时间内达到系统的目标,完成系统的任务,同时还要重视"整体大于部分"的整体性概念(王树怀,2009)。暗管排盐生态工程的布设结构决定其功能的发挥,如何根据地区异质性来改善和优化系统结构以改善功能是保障其改良效果的关键科学技术问题。

(5)生态经济原理

生态工程的主要目的是解决我国当前面临的"生存与发展"两个重大问题。因此,生态工程不仅仅是单纯地去解决生态环境一方面的问题,而应当在解决生态环境问题的同时,还要根据不同生态工程的特性,充分考虑社会效益与经济效益的协同发展,尤其在当前市场经济条件下,脱离开经济规律研究和解决问题,往往是比较困难的。暗管排盐生态工程在河北滨海地区的实施同样需要通过暗管生态工程优化设计来保证经济效益、社会效益、生态效益的协同提高，从而实现"三大效益"的统一。

（6）可持续发展原理

可持续发展实质上是人类如何与大自然和谐共处的问题，十分强调环境的可持续性，并把环境建设作为实现可持续发展的重要内容和衡量发展质量、发展水平的主要标准之一。对于以促进农业生产和保护生态环境为改良目标的滨海盐碱区，要优化暗管生态工程的设计与实施方案，达到盐碱地上作物生长和粮食生产的稳定性，实现盐碱地生态系统的持续发展。

1.5.1.3　暗管排盐生态工程概念

暗管排盐生态工程是指在生态学、经济学、社会学等学科理论的指导下，以生态治理与修复等生态学理论为支撑进行设计，以盐碱地的可持续利用与发展为最终目标，以农田生态系统服务价值提升、土壤质量与生态多样性提高为基本目标，依据农田生态系统中物质循环原理，综合暗管排水工程、植物吸盐工程与农田培肥等配套工程为一体的复杂的系统工程。

工程实施需依据当地土壤、水文、气候、气象等自然条件，遵循"盐随水来，盐随水去"的水盐运移规律，在田间一定深度埋设渗水管，将上层下渗的水分或下层上升的水分通过自流或强排集中排出田间，加快土壤盐分淋洗或降低潜水埋深，抑制返盐实现减少或者控制土壤含盐量的目的。暗管排盐工程具有排水、排盐、排涝、控制地下水位等作用，是盐碱地生态治理的一项重要农业生态工程。工程主要流程包括暗管工程的实施、深松粉垄、施有机肥、施用明沙、大水压盐、施腐殖酸肥、覆膜一体化播种等，播种作物类型包括谷子、高粱和玉米等（图1.12）。

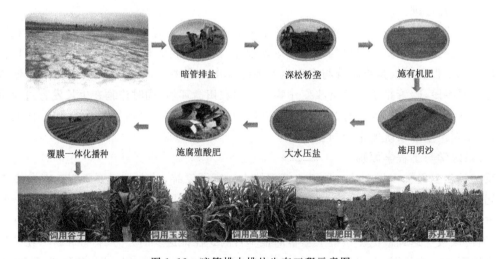

图 1.12　暗管排水排盐生态工程示意图

工程效益评价依据生态经济学、社会生态学等理论开展。成本可行性以经济学成本核算相关理论为指导，从使用价值的角度看，短期内生态工程投资成本大于产出价值，长远考虑的话，工程实施后农田的规模化与机械化生产可大大提高收入产出比；从非使用价值的角度看，工程产生的生态系统服务价值、群众增收致富、推动生态文明建设的效应将长期持续。综合效益考虑的是"生态—经济—社会"复合效益，应注重当前利益与长远利益相结合、局部效益与整体效益相结合的基本原则。

1.5.2　暗管排盐生态工程设计

1.5.2.1　暗管排盐生态工程结构设计

河北滨海盐碱地区暗管排盐生态工程关键技术主要是针对工程实施后水土资源综合利用率提高这一核心问题而设计的,设计内容包括 3 个方面(图 1.13)。

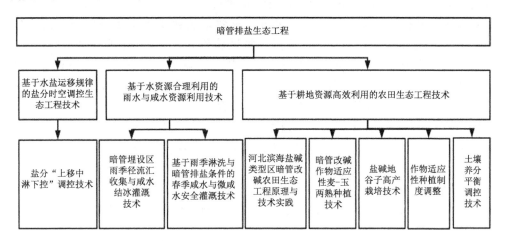

图 1.13　暗管排盐生态工程结构框架

(1)基于水盐运移规律的盐分时空调控生态工程技术

其主要目的是充分利用当地水文、气象等条件调控土壤水盐的时空特征以解决作物关键生长发育期盐涝灾害严重的问题。

主要内容包括:盐分"上移中淋下控"调控技术,即春季地下水位调控技术、雨季防涝与土壤盐分淋洗与植物修复移盐技术。

盐分时空调控生态工程是指在生态学、生态工程学、系统工程学、生态经济学等学科理论指导下,综合运用植物修复工程、暗管排水工程手段,结合地区气象、水利、土壤条件与作物各生育阶段生理特性,通过控制暗管排水时间、合理利用水资源方式等,调控土壤盐分的时空特征。以燕麦为例开展植物修复滨海高水位盐碱地的要点在播种时间、播种量与播种深度的确定,其适宜的播种时间为 4 月中下旬,播种量为 $225\ kg \cdot hm^{-2}$,播种深度为 5 cm。暗管排水工程治理滨海盐碱地的关键在于排水与盐分淋洗的结合,因此,其核心为以"中淋下控"为手段的水资源调控。在大于或等于 70 mm 的降水发生时,需要启动暗管淋排系统,辅助盐分淋洗、抑制降雨后的土壤返盐;在作物生长的关键时刻(如播前水等)浇灌微咸水(含盐量为 2～5 $g \cdot L^{-1}$)可保苗,将地下水位调控在临界动态,能够充分利用雨季集中降雨,促使咸水灌溉的土壤淋洗脱盐。

(2)基于水资源合理利用的雨水与咸水资源利用技术

其主要目的是解决雨养类型的河北滨海盐碱类型区雨水资源化利用技术与丰富的地下浅层咸水开发利用技术问题。

主要内容包括:暗管埋设区雨季径流汇收集与咸水结冰灌溉技术、基于雨季淋洗与暗管排盐条件的春季咸水与微咸水安全灌溉技术等。

河北滨海盐碱地区基于暗管的水资源利用与调控生态工程主要包括咸水/微咸水适时

灌溉＋暗管适时排水排盐生态工程、降水径流收集适时补灌生态工程。咸水/微咸水适时灌溉,可以在没有淡水可用,但作物又极度缺水的时候适当进行灌溉。此时,灌溉的咸水/微咸水在不危害作物的前提下,保障作物对水分的基本需求,可以在一定程度上增加作物产量。而咸水/微咸水的灌溉会使土壤出现"积盐—脱盐—二次积盐"的过程,最终土壤中的盐分要显著升高。因此,必须配合暗管适时排水排盐生态工程,对土壤盐分进行淋洗,以便下一年作物顺利种植。降水径流的收集可以有效地缓解淡水不足的状况。河北省滨海地区多年平均径流量约为 173.6 mm,通过模拟试验研究发现,坡降千分之一时,在土壤水分饱和且降水强度为 70 mm·d^{-1} 的条件下,有 70％ 的降水会通过径流收集到蓄水池。可见,建设 3％～5％ 集水面,可以收集的径流量约为 1320 m^3·hm^{-2}。收集、储存的径流为淡水或矿化度较低的微咸水,既可用于灌溉(可以保障每亩至少 2 次的灌溉需水量),也可以配合咸水/微咸水灌溉＋暗管适时排水排盐生态工程,完成对土壤盐分的充分淋洗。在淡水资源短缺的河北滨海盐碱地区,实施水资源利用与调控生态工程,对水资源科学利用、保障用水安全意义重大。

(3)基于耕地资源高效利用的农田生态工程技术

其主要目的是解决暗管改碱工程实施所带来的土地(耕地)质量提高后耕地资源的合理高效利用问题。

主要内容包括:河北滨海盐碱地区暗管改碱农田生态工程原理与技术实践、暗管改碱作物适应性麦—玉两熟种植技术、盐碱地谷子高产栽培技术、作物适应性种植制度调整、土壤养分平衡调控技术等。

农业生态工程是有效运用生态系统中各物种充分利用空间和资源的"生物群落共生原理"、系统内多种组分相互协调和促进的功能原理以及地球化学循环规律的实现物质和能量多层次多途径利用与转化的原则,设计与建设合理利用自然资源,保持生态系统多样性、稳定性和高效、高生产力功能的农业生态经济系统所涉及的工程理论、工程技术及工程管理。云正明等(1998)认为,农田(种植业)生态工程是农业生态工程的基础和重要组成,是根据系统工程理论,多种成分相互协调和促进的功能原则设计出的旨在取得最佳经济、社会和生态效益的工程体系。不但包括传统的间、套作等精细耕作技术,又包括现代高新技术的综合和配套应用。

河北滨海盐碱地区暗管排盐农田综合生态工程是指暗管排水排盐工程配套的农业生态工程,即在河北滨海盐碱地区,依据当地土壤条件、气候条件、降水分布等特点,能够与暗管排水排盐生态工程相互协调共同运用,并能达到更好的盐碱地生态治理目的的农业生态工程的总称,主要包括农田适生种植生态工程和农田土壤改良生态工程。

1.5.2.2　暗管排盐生态工程主体内容设计

1)盐分时空调控生态工程设计

(1)盐分时空调控生态工程概念

盐分时空调控生态工程,是指在高水位盐渍化地区,综合运用生物工程、水利工程手段,结合气象、水利、土壤条件与作物各生育阶段生理特性,制定科学合理的灌、排水计划与作物种植计划,通过"上移中淋下控"技术手段实现土壤盐分点位上的时空调控,以达到增加作物产量的目的。随着"上移中淋下控"技术的持续开展,由点及面,可实现区域土壤的低盐均质化,改盐碱地精准治理为规模化、自动化、机械化作业,提高盐碱地利用的经济效益。"上移中淋下控"调控技术的核心在于洗盐、排盐与吸盐植物修复,下节将展开详细阐述。

(2)盐分时空调控生态工程设计

本节主要阐述盐分"上移中淋下控"生态工程设计与盐分均质化监测试验设计。

盐分"上移中淋下控"调控技术,是指在暗管理设条件下临界水位附近暗管埋设区通过控制地下水位调控返盐,暗管以上的土体部分通过降雨、灌溉或微咸水淋洗土壤中的盐分,地上种植吸盐植物移走盐分的盐分调控技术体系(图 1.14)。

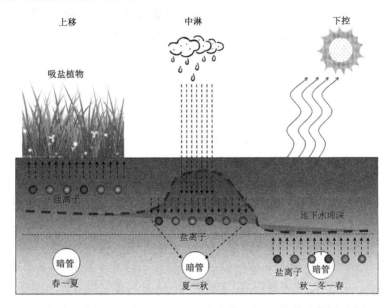

图 1.14　河北省暗管埋设下盐分"上移中淋下控"调控技术体系示意图

a.植物修复移盐生态工程

本节所述"上移"中的吸盐作物指燕麦。滨海盐碱地的主要离子为 Na^+、K^+、Cl^-,过量的离子对作物形成毒害。燕麦植株对 Na^+、K^+、Cl^- 具有较强的吸收积累功能,被认为具有修复盐碱地的潜力。运东[①]滨海低平原地区种植燕麦可形成一定产量和生物量,不同收获时间会显著影响生物量,成熟后延迟 20 d 收获,植株生物量显著降低。成熟期盐分离子浓度和积累量最高,延迟收获会显著地降低燕麦各部位 Na^+、K^+、Mg^{2+}、Cl^- 浓度和积累量,从而影响了燕麦修复盐碱地的效果。土壤盐分含量会显著影响燕麦植株的生物量和体内离子浓度,随土壤盐分的升高生物量显著降低,Na^+、Mg^{2+}、Ca^{2+}、Cl^- 浓度显著升高而 K^+ 浓度显著降低,尽管植株部分离子浓度升高但秸秆离子积累量显著下降。因此,燕麦改良盐碱地不适宜在高含盐量土壤上进行。

同品种之间成熟期秸秆的生物量不同,秸秆中 Na^+、K^+、Mg^{2+} 浓度存在显著差异,导致秸秆对 Na^+、K^+、Mg^{2+}、Cl^- 积累量之间的显著差异,影响了燕麦改良盐碱地的效果。燕麦秸秆中 Na^+、K^+、Mg^{2+} 和 Cl^- 浓度是土壤中的数十倍,Ca^{2+} 浓度是土壤中的几倍至十几倍,从理论上燕麦具有改良中、轻度土壤盐碱的潜力。因此,在利用燕麦改良滨海盐碱地时应选择合适品种、较佳收获时间在中轻度盐碱地进行。

根据试验结果,在利用燕麦修复滨海高水位盐碱地时,播种时间适宜在 4 月中下旬,其播

---

① 运东表示京杭大运河以东。

种量推荐为 225 kg·hm^{-2},其播种深度推荐 5 cm 为宜。为有效提高燕麦修复盐碱地的效果,建议在抽穗期(4—5 月)前后施用叶面钙和镁肥料,在苗期施入外源钙,燕麦生态修复最佳氮磷用量为纯氮 84 kg·hm^{-2},五氧化二磷 62 kg·hm^{-2}。

b.暗管"中淋下控"修复盐碱地生态工程

暗管"中淋下控"修复盐碱地生态工程的核心为水资源调控,主要包括降水资源、地下微咸水资源。利用降水资源开展暗管"中淋下控"修复盐碱地生态工程时,研究发现大于或等于 70 mm 的次降雨量可以完全满足土壤的初次淋洗脱盐过程,因此,在大于或等于 70 mm 的降水发生时,需要启动暗管淋排系统,辅助盐分淋洗、抑制降雨后的土壤返盐。暗管排水时间控制标准为地下水位保持在临界水位(河北滨海盐碱区为 1.2 m)以下。经研究(马凤娇 等,2011)表明,要淋洗 30 cm 耕层土壤的盐分到 0.2% 的含盐量,土壤容重按 1.15 g·cm^{-3} 计算,当土壤初始含盐量为 0.3% 时需要脱盐 513000 t,雨季降水量需达到 655 mm;土壤初始含盐量为 0.5% 时需要脱盐 153900 t,雨季降水量需达到 1053 mm。利用微咸水资源开展暗管"中淋下控"修复盐碱地生态工程时,从土壤脱盐的效果看,6 g·L^{-1} 是最适宜河北滨海盐碱地的灌溉水矿化度。作物生长的关键时刻(如播前水等)浇灌微咸水(含盐量为 2~5 g·L^{-1})可保苗,将地下水位调控在临界动态,能够充分利用雨季集中降雨,促使微咸水灌溉的土壤淋洗脱盐。雨季实施暗管排水工程,降盐效果显著。非降水集中时段平均降低 1.1‰,棉花种植与出苗盐分耐受关键期可平均降低土壤含盐量 1.8‰,保障了棉花出苗率与棉花增产、稳产。

除淋洗盐分外,暗管排水还能大大降低滨海盐碱区的涝渍害发生率,从而减少对作物的影响。以地下水埋深 30 cm 涝渍害界限,雨季期间(6—9 月),暗管埋设区排水条件下有 12 d 涝渍害。对照区无暗管排水条件下涝渍害时间高达 40 d,一次强降水甚至可使地下水埋深由 88 cm 上升到地表。农田暗管排水条件下,地下水埋深可在 2 d 内降至 60 cm,而对照区地下水埋深需降至 60 cm 需要 15 d。试验证明,在降雨多发的 7 月,累积降雨量月均约 250 mm,暗管排水条件下涝渍害影响期仅为 3 d,而对照区的农作物涝渍时间长达 13 d。

c.春季地下水位调控生态工程

环渤海地区土壤消融水补充地下水后抬高地下水位,地下水埋深不足 40 cm。此时 15 mm 的降雨和冻层的共同作用可使地下水埋深达第一峰值(20 cm)。暗管排水系统运行后,暗管区地下水位显著下降 50 cm 以上,地下水埋深最大可达 80 cm;而无暗管区在蒸发作用下,地下水位缓慢下降,最大埋深仅 50 cm。可见,春季冻融后期进行暗管控制性排水,可有效控制土壤冻结水消融引起的地下水上升,地下水埋深显著下降,从而阻滞土壤盐分上移。

春季土壤消融期,随着土壤消融水的回渗和蒸发,土壤盐分再分配。冻层未完全消融前,冻层上部消融层内土壤水分一部分向上运移消耗于蒸发、带走盐分积聚于表层,一部分下渗,到达 30 cm 未消融冻层滞留,溶解了更多盐分,因此,暗管区和无暗管区土层由上到下土壤含盐量均增加。土壤冻层完全消融时,上下层土壤水通道打通,暗管区因暗管排水作用,土壤水以下行为主,土壤盐分随水的运移而排出土体,因此,暗管区 30 cm 土层剖面处土壤含盐量较 20、10 cm 剖面处显著降低,而无暗管区各层土壤含盐量呈缓慢上升趋势。

2)水资源利用与调控生态工程设计

(1)咸水/微咸水适时灌溉＋暗管适时排水排盐生态工程

在暗管工程的基础上,利用咸水/微咸水适时灌溉,保证作物急需用水而淡水资源又不充足时的正常生长(于淑会 等,2016)。河北省滨海地区为温带大陆性季风气候,多年平均降雨量在 644 mm 左右,并且主要集中在 7—8 月。除降水外,引用黄河水也是该区的重要水源。但是黄河水多作为饮用水或生态用水,很少直接用于灌溉。因此,淡水资源短缺一直是河北滨海地区面临的重要生态问题。然而,由于处于滨海地区,该区地下水埋深较浅(矿化度一般为 $6\sim10$ g·L^{-1}),咸水/微咸水资源丰富。但咸水/微咸水用于灌溉可能会导致严重的土壤盐渍化问题,如果不科学使用,对土壤、作物系统造成的危害远大于其利益。因此,需要科学利用咸水/微咸水资源,使其在满足干旱时期作物需水的前提下,又不危害土壤—作物系统的健康。基于暗管工程的咸水/微咸水适时灌溉生态工程是实现咸水/微咸水科学利用的重要措施。

河北滨海地区以冬小麦—夏玉米种植为主,基于该种植模式,设计咸水/微咸水适时灌溉+暗管适时排水排盐生态工程。每年 4 月底、5 月初为小麦拔节至抽穗期,由于该时期正处于降水量少且蒸发较为强烈的阶段,冬小麦水分胁迫较为严重,此时进行微咸水灌溉,虽有将盐分带入土壤—作物系统的风险,但是对处于强烈干旱胁迫的小麦仍具有重要意义。试验发现,利用咸水/微咸水灌溉,土壤会经历积盐—脱盐—二次积盐的过程。在土壤入渗能力较差的河北滨海地区,灌溉咸水/微咸水中的盐分会导致土壤在 $0\sim50$ cm 耕层处的首次积盐;随着湿润锋的不断下移,水分携带盐分进入深层土壤,表层土壤开始经历脱盐过程;当咸水对土壤盐分的补充速率与盐分淋洗速率达到平衡状态时,脱盐阶段结束;随后受强蒸发作用影响,土壤盐分在地表进行二次积盐。

将暗管排盐生态工程与咸水/微咸水灌溉技术配合使用,可以有效缓解咸水/微咸水灌溉带来的盐分胁迫。一方面,通过暗管排水排盐改良土壤结构,增加土壤入渗率,减缓土壤积盐程度;另一方面,通过暗管排水排盐快速排出土壤水分,有效增加咸水灌溉后的盐分淋洗率,加快土壤"脱盐"进程;第三,通过暗管排水排盐工程可以有效控制地下水位,延长蒸发导致的盐分向土壤表层的运移路径,从而有效缓解土壤的二次积盐。综上,暗管排水排盐生态工程与咸水/微咸水灌溉相结合的生态工程设计,既可以缓解作物在关键需水期的用水难题,也能有效缓解咸水灌溉带来的积盐危害。

(2)降水径流收集适时补灌生态工程

降水径流收集适时补灌生态工程设计关键在径流收集系统容积的计算以及确定最适补灌时间。降水是河北滨海地区重要的淡水来源,然而,受降水年内分布不均的影响(7—8 月最集中),大部分降水在雨季随径流流失。这导致河北滨海地区降水量虽然比较充沛,但在作物用水的关键时期通常没有足够的淡水资源可供利用。根据对历年降水量的分析,科学计算、设计建立暗管埋设试验区与强降水径流量大致相匹配的雨季径流汇收集系统,雨季收集的径流储存至第二年春季变为可以直接灌溉的微咸水,以解决可能的严重春旱问题,形成雨季径流汇—微咸水灌溉系统。径流水中的盐分含量一般在 $1\sim3$ g·L^{-1},将此部分径流收集起来用于淡化地下咸水,在作物需水期进行淡水或微咸水回灌是非常好的提高作物产量的方法。因此,雨季将降水径流收集起来,在旱季对作物进行补灌,是解决淡水资源不足的重要手段。

需要根据当地的气象资料及经验,确定该地区潜在的年径流量,根据收集区域的大小设计径流收集。根据在河北滨海地区的试验结果以及当地农户的经验,降水量小于 25 mm 时,降水多被土壤吸收,不能产生径流。因田间充分灌溉的用水量约为 60 mm,可假设降水量大于 60 mm 时为蓄满产流,产流量用水量平衡方程计算;降水量在 $25\sim60$ mm 时为超渗产流,径流量用 SCS 模型计算。利用黄骅市 45 年(1961—2005 年)的降雨量资料计算得出河北滨海地区年平均产流量约为 130 mm,全年最大产流量约为 1299 m^3·hm^{-2},对应的径流收集装置的体积应不小于 86.6 m³。将径流收集池设计为立方体形状,深度设计为 2 m,则收集池所占面积约为 43.3 m²,仅为对应收集面积的 4.3%。可见,降水径流收集适时补灌生态工程设计时,只需设计 4% 左右的集水面积,就能够满足当地两次的灌溉。

(3)基于暗管工程的咸水/微咸水灌溉+降雨径流收集补灌淋盐生态工程

利用咸水/微咸水进行灌溉首先必须要防止土壤中的盐分积累达到限制作物生长的水平,应控制水盐系统的盐分平衡及尽量减轻盐分对作物的危害程度。其次是选择恰当的灌溉方式,研究表明,采用滴灌方式进行咸水/微咸水灌溉比传统的地面灌溉可获得更高的产量,同时大大减少了水资源的消耗(王喜 等,2016),这也是发展节水灌溉和农业高效用水的原因。长期灌溉咸水/微咸水会引起土壤盐分的累积,尤其以表层 0~5 cm 最为显著,这对土壤物理化学特性和作物生长都是有害的。因此,在进行咸水/微咸水灌溉时,要重视土壤盐分的调控研究,根据水、土、作物的情况,在作物需水的关键时刻,采用次数少、定额大的灌溉方式以及淡水轮灌的方法,防止耕作层积盐。

基于暗管工程的咸水/微咸水灌溉+降雨径流收集补灌淋盐生态工程是集咸水/微咸水灌溉与降雨径流收集补灌淋盐于一体的综合性生态工程,是一种高效利用滨海盐碱区地下咸水资源与雨季降水资源的工程手段。此生态工程的设计首先要确定合适的项目区。项目区需地块整齐,大小适中,适当存在一定坡度以保证径流的收集。需要注意的是,生态工程设计前需要对项目区土壤本底、地下水埋深等条件进行详细调查,以确定暗管工程的相关参数。其次,项目区需有适当矿化度的咸水/微咸水资源,以保证作物需水关键期的灌溉用量。另外,项目区地势较低的一侧须有一定的空间建设径流收集池,并且建设径流收集池所需材料能够便捷运输。

基于暗管工程的咸水/微咸水灌溉+降雨径流收集补灌淋盐生态工程的设计流程主要包括以下几条。一是基础信息调研,包括土壤质地、水源、水量、土地平整状况,根据项目预算,分割地块,用隔水板分割地块;二是暗管工程的实施,根据前期调查资料,确定暗管的埋深、间隔、坡降等参数,利用铺管机进行埋设;三是径流收集池的建设,根据地块的大小,设计径流池的体积,在地势最低处,建设径流收集池;四是咸水/微咸水资源的实时灌溉,尽量选择矿化度较低的咸水/微咸水资源,在作物需水关键期进行适当补灌;五是蓄积的径流水补灌与盐分淋洗,在咸水/微咸水灌溉后土壤出现二次积盐时,利用蓄积的径流水进行补灌与盐分淋洗,降低土壤盐分。

3)农田综合生态工程设计

(1)农田综合生态工程设计目标

充分考虑河北滨海盐碱地的农业生产特点,围绕干旱、洪涝和土壤盐碱危害,以春季防止返盐、咸水资源利用、夏季排涝排盐为目的,综合运用暗管排水排盐工程与农业综合生态工程,达到修复改良盐碱地、增加土壤水分、养分,改善土壤结构的目的,最终提高粮食产量、改变熟制,为该区域盐碱地综合改良开发利用提供一整套的生态工程设计理念。

(2)农业综合生态工程设计的主要内容

农业综合生态工程设计必须适用于该地区的水盐条件、气候条件和产业布局,达到提高粮食产量的目的,因此,生态工程设计的主要内容包括:适宜农作物选择、高产栽培技术、种植制度结构调整技术和土壤综合改良配套技术。

a.适宜农作物选择。农作物是农田生态系统的重要组成部分,选择适宜的农作物是实施农田综合生态工程的关键。适宜农作物选择的依据包括：

自然环境特征。自然环境因子必须能够满足所选择的农作物生长发育需要的基本条件，自然环境是生物生长发育的最基本要求，如果不考虑这个最基本条件，就不可能建立一个稳定的农田生物群落。人工选育的农作物基本都经过了前人的大量试验研究，作物对自然环境的要求已被基本掌握，选择这部分农作物的成功率会相对较高。

社会经济环境条件。社会经济条件是设计和实施生态工程的重要保障，它不但决定了今后对工程的投入能力，也决定了今后工程运行过程中的技术保证水平。农作物的选择需要考虑机械化程度，随着我国农业机械化的发展，机械在农业生产中发挥的作用越来越大，适宜机械化作业的农作物品种比较容易得到群众的认可。农作物的选择还需要考虑其管理方式。随着国家对农村政策的改变，"三农"问题出现了新的变化，青壮年农民外出打工，农业劳动资源严重不足，对农作物的管理越来越粗放，需要精心管理才能高产的农作物就得不到群众的喜爱。

市场需求情况。大多数生态工程都是以生态经济协调为目的的产业，它的产品必须有足够的市场需求，再好的产品没有一定的市场，也不能转化为经济收入。随着生活水平的提高，现代农业生产目的也发生了变化，农产品已不仅仅是为了满足人民饥饱问题，对农产品质量的要求也越来越高。另外，农产品的加工应用方向也受农作物品种限制，因此，需要根据需求选择适宜的品种，如给畜牧业做青贮饲料就要选择生物学产量高的玉米品种，做面包和做面条用的小麦要选择蛋白质含量不同的品种等。

b.高产栽培技术。合理利用农作物栽培技术能够保证农作物的产量和质量，高产栽培技术主要包括以下几个方面。

适时播种。农作物栽培一定要合理安排播种时间，播种过早，容易因为气温过低而导致出苗晚、出苗不齐；而播种晚了，则缩短农作物的生长期，加快发育，导致产量不高，所以需要合理地安排播种时间，一次播种保全苗，进而保证农作物的高质量高产量。

合理播种。合理控制农作物播种距离，农作物的播种距离直接决定农作物是否得到足够的肥力供应与光合作用，是否能够良好的通风，这些都将影响农作物的产量。为合理利用土地，应在农作物播种时控制其间隙的同时适量密植，并可根据不同农作物对土壤养分需求的不同和农作物生长势态的不同进行作物与作物间的搭配种植。

土地管理。种植农作物之前的耕地可以增加土地的通风性和透气性，促进降雨时水分的入渗作用，为播种创造一个较好的土壤环境。农作物生长发育期间的中耕、除草可以疏松土壤、调节土壤温度、增加透气性以及加强土壤中微生物的活动，做好除草工作还可以避免杂草与农作物之间争夺养分和水分，以保障农作物生长所需的光、热、肥条件。

农作物管理。施肥在农作物栽培中起着至关重要的作用，根据土壤条件与农作物品种选择适宜的氮肥、磷肥与钾肥才有利于农作物的生长、提高产量。此外，合理使用农家肥与科学的农家肥配比可以有效促进农作物生长。浇水也是农作物管理的一个非常重要的环节，降水量的季节差异有时候不能满足农作物的生长需要，浇水量过多或过少均不宜作物生长，浇水过多容易导致涝灾，过少则不能缓解干旱，势必会造成减产。因此，科学合理的农作物浇水量与浇水制度是保证农作物生长发育与高产的关键。病虫害管理也是保证农作物高产的必要措施，引入适量害虫天敌的生物驱虫方法是保障农田生态系统长效发挥作用的关键技术。

c.种植制度结构调整技术。实地调查河北滨海盐碱地作物种植多为一年一季，且以棉花为主,伴有少数春玉米。由于棉花苗期干旱,蕾铃期土壤湿度大,或受涝渍害,棉花产量普遍在 $750\sim2250$ kg·hm^2,产量较低。通过暗管排水排盐生态工程的实施,改变了自然状态下土壤不同层次和不同季节盐分和水分的分布,使作物在易遭受胁迫的敏感时期规避了危害,从而增加了该地区适宜种植作物的种类。夏季作物的增加,以及冬小麦的适宜性增加,使得一年两熟成为可能。小麦—谷子轮作理论上也具备可行性。另外,通过咸水结冰灌溉、咸水直接灌溉、暗管排涝排盐以及雨水咸水混合灌溉,缓解春季盐分胁迫和干旱危害,降低夏季涝渍害危害程度,秋季补充土壤水分,能够实现西瓜—谷子、西瓜—油葵、西瓜—秋白菜等,粮食和经济作物轮作,实现该区域农作物种植制度的多样性。

d.土壤综合改良配套技术。河北滨海盐碱地的土壤养分贫乏,需要经过有机培肥、生物培肥、秸秆还田和配方施肥等土壤养分平衡调控技术处理地块。土壤有机培肥具有改善土壤养分的作用,施用有机肥后,土壤 pH 随施肥量增加而有不同程度的降低,幅度在 $0.5\%\sim4.4\%$;同时土壤有机质、速效磷、速效钾含量增加。土壤物理结构也不利于农作物生长,需深松深翻,打破坚硬的犁底层,降低土壤容重,增大土壤孔隙度,减小犁底层对水分的阻碍,增加土壤导水率,改善土壤物理性质,从而有利于作物根系向下伸展生长,更好地吸收水分和养分。

(3)农业综合生态工程设计的技术集成

根据实地调查河北滨海盐碱地中、重度盐碱地暗管排水排盐技术实施后的农田水盐生态条件,农业综合生态工程首先集成土壤养分平衡调控技术和土壤物理结构改良技术。在土壤综合改良的基础上,结合作物特性,选择谷子(耐旱)、玉米(雨热同季)、小麦(耐盐耐旱)等作物研究其适应性种植集成技术,并集成匹配的农田生态工程技术,探讨由一年一熟调整为一年二熟或两年三熟的种植制度和作物适应性组合模式,形成了作物适应性种植专项技术有:基于暗管排水排盐的中度盐碱地小麦—玉米两熟高产栽培技术、滨海中重度盐碱地杂交谷子高产栽培技术、棉花高产栽培技术。

第 2 章　河北滨海盐碱地暗管排盐生态工程下土壤水盐运移规律

2.1　暗管排水排盐机理概述

2.1.1　暗管排水条件下"四水"转化特征

　　魏晓妹(1995)指出地下水位的变化可以导致包气带的水文及水文地质参数发生变化,从而改变地表水、土壤水与地下水的分配,若地下水位连续降落,形成大范围地下水降落漏斗,则可改变区域间的水量转化关系。因此,暗管可通过控制地下水位来影响埋设区的"四水"(大气降水、地表水、土壤水与地下水)转化。对于地下水埋深影响"四水"转化的研究也有很多。王政友(2009)研究发现在固定流域,一定的气候和下垫面条件下,"四水"转化参数随地下水埋深变化而变化,总和为 1;地下水埋深小于极限埋深时,土壤蓄水库容小,包气带容纳降水入渗量小,降水入渗参与陆面蒸散发的量也小,而此时潜水蒸发量大,土壤水资源量大,陆面蒸散发量大,潜水蒸发补给土壤的量为陆面蒸散发量的主要部分;各参数因地下水埋深变化而变化,超出地下水极限埋深时,潜水蒸发量为 0,各参数趋于稳定,相互关系也趋于稳定。胡望斌(2003)分析江汉平原四湖地区"四水"转化关系,发现雨季地下水埋深较浅,土壤水接近或达到饱和状态,从而促使地下水与大气水、地表水水量交换的频率、强度均非常大;而在干季土壤初始含水量低,降雨补给土壤水较多,补给地下水相对较少。

　　利用地下水埋深对"四水"转化的影响为农业生产服务的研究很多。有研究表明控制平原区地下水位可有效拦蓄地表径流、补给地下水,从而提高作物对地下水的利用率(王友贞 等,2004;许晓彤 等,2008)。袁念念等(2010)和黄志强等(2010)在湖北江汉平原棉花种植区的试验结果显示暗管总排水量与出水口水位呈负相关,次降雨后暗管排水量与控制排水水位呈显著二次曲线相关关系;袁念念等的研究表明,提高地下水位后,暗管能够减少排水流量峰值从而减轻下游防洪压力,暗管控制排水使得传统田块地表、地下排水量重新分配,提高地下水位可令地表排水量比例提高,总排水量较常规排水减少 36.4%～82.7%。罗纨等(2006)也发现将地下水埋深控制在 60 cm 时,作物生长期内地下排水量减少 50%左右。

　　国外有学者认为,暗管排水结合灌溉制度进行综合管理可发展高效节水农业。如在印度等地进行的暗管模拟试验,模拟暗管排水条件下不同水管理方式的灌溉降盐以求得最佳土壤盐浸出率,拉普拉斯数值求解以获得每种处理下的水流模式与流量方程,从而给出盐分空间分布。模拟结果显示,在耕作前、试验中及以后各保持试验区全面积、半面积、1/4 面积积水 450 h,能达到与连续积水一样的降盐效果,但可节省 50%的水量(Rao et al.,1991)。

2.1.2　暗管排水排盐下土壤水盐运移规律

2.1.2.1　控制性排水条件下土壤水盐运移规律

　　控制性排水导致地下水埋深发生变化,从而引起"四水"转化特征的变化,影响田间土壤水分分布。Wesström 等(2003)证明控制性排水对总排水量与排水类型起非常重要的作用,与常规排水区相比,控制性排水区减少排水量70%～90%,且初始排水量越高,田间瞬时存水量越低,洪峰流量越高,滞后时间与消退时间越短。而且控制水位高,排水慢,降雨后水分在田间滞留时间长,会导致土壤含水量变化小(袁念念 等,2011)。控制性排水对浅层土壤含水量与深层土壤含水量的影响也是有差异的。袁念念等(2011)通过两年的试验发现控制水位对浅层土壤含水量有显著影响、对深层土壤含水量影响不大,表层0～20 cm 的土壤体积含水量与0～40 cm、0～60 cm、0～80 cm、0～100 cm 的体积含水量呈显著相关关系。

"盐随水走",控制排水条件下盐分分布也会发生改变。有研究发现控制排水措施对田间浅层地下水盐分浓度的空间差异性有较大的影响,对于深层盐分影响则较小,这与控制排水影响土壤水的规律一致(田世英 等,2006)。因为控制排水条件下地下水位较高,使得表土层中的水分难以下渗并与更深层的地下水进行交换,同时控制排水田块由于田间水量不易排出而导致灌溉水量相对较小,盐分没有得到充分淋洗,因此,控制排水条件下,田间浅层地下水盐分平均浓度略高于常规排水,除此外,由于提高地下水位导致浅层土壤含水量高、干湿交替小,控制排水没有出现常规排水条件下盐分浓度交替上升的现象(田世英 等,2006)。虽然控制性排水会导致浅层土壤含盐量增加,但根据贾忠华等(2006)的分析计算,作物生长期内深层排水占地下排水总量的1/3,而这一部分不受控制排水的影响,深层排水在很大程度上"中和"或"缓冲"了由于控制排水作用对含盐量的影响,刘慧涛等(2012)与于淑会等(2012)也得到了相似结论。为了确定土壤含盐量与排水控制率间的关系,贾忠华等(2006)在对双重排水情况下的水盐运动进行概化的基础上,建立了基于特定地区排水特性的"浅层排水与深层排水比—浅层排水控制率—排水含盐量增加率"的关系。因此,由于深层排水的存在,地下水含盐量的变化很小,浅层排水可以在作物生长期被控制在很低的水平,满足作物的水盐要求。杨丽丽等(2006)从水盐平衡的角度进行分析,在排水的盐浓度低于作物忍受浓度水平的条件下,控盐效果较理想,控制排水试验区依然满足水盐平衡的要求。

2.1.2.2　定水位条件下土壤水盐运移规律

暗管埋设的深度与间距影响暗管排水的速率,从而影响了土壤水盐运移特征。有研究显示暗管埋深越大,降到同一水位的时间越短,水位平均下降速度越快;间距越小排水模数越大,单位面积排水量越大,排盐量越大(刘子义,1993)。Rao 等(2001)为模拟暗管排水下的盐分运移特征,采集了同一深度不同暗管间距下的盐分数据,数据分析表明间距越小,排盐效果越好。张亚年等(2011)用室内渗流槽试验发现暗管排水条件下表层土壤盐分下降快,深层土壤受上层土壤盐分累积和降雨的共同影响,盐分下降速率存在滞后性,盐分呈现先增后减的趋势;在水平面上,接近排水口的位置水动力条件较强,水分运动较快,因此洗盐效果更明显。李法虎等(2003)从自相关的角度研究玉米种植区暗管排水条件下的水盐分布特征,结果表明玉米地土壤含水率的自相关距离在0.3～0.6 m 的土层为20 m,而在其他取样深度处都小于5 m,土壤EC 和SAR[①] 的自相关距离随土壤深度的增加而加大,但随玉米生长时间的增加而减小,一般都小于40 m。

---

① SAR 是土壤溶液中钠离子与钙离子、镁离子浓度平均值的平方根比值,即钠吸附比。

2.2　砂槽物理模型模拟

2.2.1　理论原理

2.2.1.1　理论研究基础

对暗管渗流场各个因素计算公式中的主要影响参数进行整理,归纳各个参数对暗管渗流场的影响,从而总结影响河北近滨海盐碱地暗管渗流场中渗流量、渗流速度的主要影响因素。Ritzema 等(1994)归纳了不同状态下暗管渗流场的各个计算公式(表 2.1 和表 2.2)。

表 2.1　恒定运动情况下的暗管渗流计算公式

示意图	土壤剖面	管的位置	理论	公式
	均质	与承压层相切	Hooghoudt 理论	$q=\dfrac{4k(H^2-D^2)}{L^2}$
	均质	在承压层之上	Hooghoudt 等效理论	$q=\dfrac{8kdh+4kh^2}{L^2}$
	两层	在两层之间的界面上	Hooghoudt 理论	$q=\dfrac{8\,k_b dh+4\,k_t h^2}{L^2}$
	两层	在下土层	Ernst 理论	$q=\dfrac{h}{\dfrac{D_v}{k_t}+\dfrac{L^2}{8\,k_b D_b}+\dfrac{L}{\pi\,k_b}\ln\dfrac{D_r}{u}}$
	两层	在上土层	Ernst 理论	$q=\dfrac{h}{\dfrac{D_v}{k_t}+\dfrac{L^2}{8(k_b D_b+k_t D_t)}+\dfrac{L}{\pi\,k_t}\ln\dfrac{a D_r}{u}}$

表 2.2　非恒定运动情况下的暗管渗流计算公式

示意图	理论	公式
	Glover-Dumm	$h(x,t)=\dfrac{4h_0}{\pi}\displaystyle\sum_{n=1,3,5}^{\infty}\dfrac{1}{n}\,\mathrm{e}^{-2\alpha t}\sin\dfrac{n\pi x}{L}$
	De Zeeuw-Hellinga	$h_t=h_{t-1}\mathrm{e}^{-\alpha\Delta t}+\dfrac{R}{0.8\mu\alpha}(1-\mathrm{e}^{-\alpha\Delta t})$

　　由上述公式可知,共同的影响因素是土壤含水层厚度、渗透系数、暗管埋设的间距,由此表明,这3个参数对暗管渗流计算结果起重要的作用。

　　根据上述表格,选择适合实验区的计算公式。

2.2.1.2　理论公式推导

　　(1)渗流量计算公式

　　①恒定条件下相关理论公式(Hooghoudt 等效深度公式)

$$q=\frac{8kdh+4kh^2}{L^2}\rightarrow Q=\frac{1}{2}qAl \tag{2.1}$$

式中,q 为单长入管渗流量(m·d^{-1}),k 为渗透系数(m·d^{-1}),h 为两暗管中间的测压水头与暗管管壁的测压水头之差(m),d 为等效深度(m),根据暗管到不透水层的实际的深度来查表获得,L 为暗管之间的水平间距(m),l 为暗管长度比。

　　②非恒定条件下相关理论公式(Glover-Dumm 公式)

$$\begin{cases}h_t=1.16h_0e^{-\alpha t}\\q_t=\frac{8kd}{L^2}h_0e^{-\alpha t}\end{cases}\rightarrow q_t=\frac{8kd}{1.16L^2}h_t\rightarrow Q=\frac{1}{2}q_tAl \tag{2.2}$$

式中,q_t 为 t 时刻单长入管渗流量(m·d^{-1}),k 为渗透系数(m·d^{-1}),h_t 为 t 时刻两暗管中间的测压水头与暗管管壁的测压水头之差(m),α 为反应因子,d 为等效深度(m),根据暗管到不透水层的实际的深度来查表获得,L 为暗管之间的水平间距(m),h_0 为初始时刻水位,l 为暗管长度比。

　　(2)渗流速度计算公式

$$v=\frac{Q}{A\varepsilon} \tag{2.3}$$

式中,Q 为实际渗流量(m^3·d^{-1}),A 为横截面积(m^2),ε 为土壤孔隙率。

2.2.2　砂槽物理模型模拟原理与方法

2.2.2.1　砂槽物理模型模拟原理

　　砂槽物理模型形状取决于原型流场。模拟井流时,因轴对称性,可用扇形槽;模拟一般的一维、二维和三维流时,常用矩形槽。

　　矩形槽由槽首、槽身和槽尾3段组成。各段之间用可移动的过滤网隔开,使槽身有伸缩性,以便适应设计模型大小的变化。槽首同供水系统连接,用调整供水量和水位的方式模拟补给区的边界条件。槽身装有多孔介质模型,前壁为透明玻璃板;后壁和底部与测量系统连接,以记录模型中水头的分布和变化。槽尾与排水系统连接,用以调整排水量和水位的方法模拟排泄区的边界条件。槽身顶部也可安装喷水装置,以便模拟入渗量。

　　在模型的槽身中可以装入砂或其他多孔材料。对多孔材料的要求:结构要稳定,化学性质有惰性。装填时应保持规定的均匀性或非均匀性,不能残存气体。采用的流体,在模拟饱和流、非饱和流时,常用均值水;在模拟咸淡水界面运移时,可采用密度、黏度不同的异质流体;在模拟水动力弥散时,常用均质水加示踪剂。选择的流体的基本要求是无侵蚀性、毒性和易燃性(薛禹群,1997)。

2.2.2.2　砂槽物理模型模拟方法

　　用相似模型模拟渗流,比用原样实验方便得多。首先,可以缩小渗流区的几何尺寸,便于从整体上而不是在局部上研究渗流的分布特征,其次,可以加速渗流的延边速度,在模型上只用几秒或几分钟的时间就能模拟几天,甚至几十年的渗透过程,从而节省大量时间;模型制备简单,便于控制和测量,并能改变某些变量和参数的数量级,以提高测量的精确度。目前用于渗流模拟的几种相似模型有砂槽物理模型、窄缝槽模型和电模拟模型,采用砂槽物理模型进行模拟。砂槽模型模拟的方法如下:

(1)根据研究问题的性质和有关资料做好模拟的准备工作。选好砂槽和拟做模型的多孔物质,初步确定模型比例。组装模型,均匀捣实,缓慢充水,驱除残留气体。

(2)标定模型参数。如模型的渗透系数、弥散系数等。标定方法是调整边界条件,使模型中渗流达到符合解析解的状态。再把测定的要素带入解析解计算参数。根据标定的模型参数,再调整模型比例。

(3)拟合原型参数。如入渗量和含水层参数。这一步主要是根据模拟水头和长期观测资料的拟合程度,检查所给参数的正确性,同数值法反求参数相似。

(4)开始模拟实验。对模型给出的相似的定界条件。如属无压流,只要给出上下游水位,便可自动形成自由界面。随时记录水头、流量或溶质浓度等。对流线可用染料形成水线来观察;对变形较快的自由面,常用照相记录。

(5)整理模拟结果。一切记录的要素,由模型量转到原型量时,都必须乘以相似比。

2.2.3　砂槽物理模型设计原则

砂槽物理模型实验和水工模型一样,必须使模型与实际原型保持相似准则,如:几何相似准则、运动相似准则、功能相似等(吴持恭,2007)。因此,使模型和原型之间保持几何相似,而有一定的长度比尺关系;并应保持彼此之间的动力相似,对渗流场就是摩阻力起控制作用的达西定律。对渗流场的相似,以带脚码 m 表示模型量,不带脚码表示天然原型量;并以 λ 表示长度比尺,带脚码表示其他量的比尺,即:

$$\lambda = \frac{L}{L_m}, \lambda_v = \frac{v}{v_m}, \lambda_k = \frac{k}{k_m}, \lambda_k = \frac{k}{k_m}, \lambda_Q = \frac{Q}{Q_m} \tag{2.4}$$

由达西定律可得模型比尺关系为:

$$流速: \lambda_v = \lambda_k; 单长流量: \lambda_q = \lambda \lambda_k; 流量: \lambda_Q = \lambda^2 \lambda_k \tag{2.5}$$

模拟南大港农场中国科学院遗传所农业资源中心的暗管排水工程中埋深为 1 m 两个暗管间距为 20 m 的暗管小区,由于厚度为 10 mm 的有机玻璃板的生产规格是长×宽为 120 cm ×100 cm,考虑有机玻璃的承受力和尺寸,结合暗管小区中暗管的埋深和埋设间距,取单根暗管影响的半面体作为研究对象,按照 1:5 的比例进行缩小模拟,进行砂槽物理模型的设计与制作。

2.2.4　砂槽物理模型设计与制作

利用以河北省沧州市南大港产业园区近滨海暗管排水排盐实验场为模拟研究对象,分析地下水的运动状态,建立暗管排水对渗流场影响的砂槽物理模型,用以模拟进行了不同运动条件下暗管排水对渗流场的渗流量、渗流速度和流线影响的相关实验研究。

本实验采用自制的长方体砂槽(图 2.1),由厚 10 mm 有机玻璃制成,长 200 cm、宽 20 cm、高 70 cm,固定在钢架之上,实验装置由主要装置和附属装置两部分组成,主要装置包括 4 个部分,分别为:降雨模拟装置、模拟地下水补给水源的供水装置、含水层模拟装置和暗管模拟装置。含水层模拟装置为实验的核心部位,在槽体表面包括 6 行 9 列的示踪孔、3 行 9 列测压孔和 1 行 5 列清理孔,示踪孔外套有中孔橡皮头,以方便加入用以示踪的红墨水,清理孔与软管连接。降雨装置是由 5 个降雨喷头组成的,降雨装置每分钟的降雨量为 3 L·min⁻¹。模拟地下水补给水源的供水装置和含水层模拟装置之间有一个孔眼过滤缓冲板,暗管设计长为 25 cm 直径为 2 cm 的聚氯乙烯(Polyvinyl chloride,PVC)硬管,平行槽体底部铺设在左边暗管孔处,暗管开孔率为 1.7%,孔眼长 0.7 cm、宽 0.1 cm。附属装置包括调节水位的稳水箱、控制暗管装置和用来观测水位变化的测压装置,测压装置为含水层模拟装置正面 3 排 27 个测压孔与用软管连接的测压板组成。

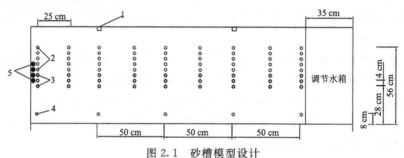

图 2.1　砂槽模型设计

(1.支架,2.示踪孔,3.测压孔,4.清理孔,5.暗管孔)

实验槽体内盛装 60 cm 分选良好的人工石英砂(中细粒级),经测试石英砂的渗透系数为 21.86 m·d⁻¹,暗管位置位于第二个暗管孔,用以模拟埋深为 1 m 的暗管。

2.2.5　近滨海盐碱地暗管埋设下渗流场模拟

2.2.5.1　恒定运动情况下暗管周围渗流场模拟

1)实验设计

侧向补给实验由供水装置供水,设有调节水位的温水箱,水经过过滤缓冲板,汇集到暗管中,再由暗管装置排出。以砂槽底部作为基准面,为方便分析实验数据,实验中 60 cm、52 cm、44 cm 3 个水位分别用 $A1$、$B1$、$C1$ 来代表。

降雨补给实验由供水装置和降雨装置供水,实验中 60 cm、52 cm、44 cm 3 个水位分别用 $A2$、$B2$、$C2$ 来代表。

实验模拟大田两个暗管中间地下水埋深初始分别 0 cm、40 cm 和 80 cm 时,在无降雨和有降雨条件下,暗管排水系统控制两个暗管中间的地下水埋深恒定情况下,暗管的渗流量、渗流速度的变化情况,并观察离暗管距离不同的点的流线特征。

2)实验步骤

根据设定的 3 个特征水位,调整侧向补给水位和暗管排水强度(降雨实验中需要调节降雨装置),待测压板的数据和暗管渗流量稳定后,根据稳定后的测压板数据所对应的水位,在浸润水位线处的各个示踪孔处染色,观测水流示踪,直至相应的流线出现,记录时间段内(5 min)暗管渗流量、测压孔水头值,然后观测流线特征和记录流线完整显示时间。利用测压孔水头值转换水位,利用水位数据计算渗流量的理论值,并与实验值对比分析。

3)实验结果

(1)渗流量

由曲线图 2.2 可知,有无降雨的条件下,暗管渗流量随着时间的增加而逐渐趋于稳定,同时随着侧向补给水位的降低,暗管渗流量减少。降雨情况下,不同水位对应的暗管渗流量均大于无降雨情况下的暗管渗流量。实验中侧向补给水位不同(60 cm、52 cm 和 44 cm)的暗管渗流量由不稳定到稳定的平均变化幅度不同,则随着侧向补给水位的降低其暗管渗流量的变化幅度降低,同时暗管渗流量达到稳定的时间缩短。降雨条件下,侧向补给水位为 60 cm 渗流量达到稳定的时间短于无降雨条件下达到稳定的时间,而对于侧向补给为 52 cm 和 44 cm 时,相对于降雨条件,在无降雨条件下更快地达到稳定状态。可推断在实际的暗管排水工程中,对于暗管之间的水位,暗管排水控制系统可以较容易调节低水位,更容易控制适宜作物生长的水位。

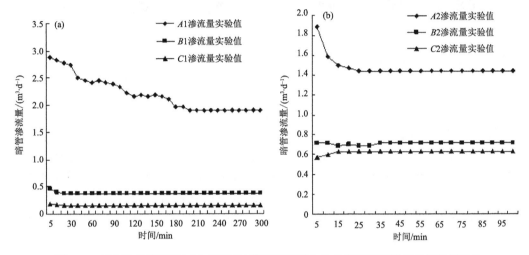

图 2.2　恒定运动无降雨(a)与降雨(b)情况下不同水位条件下暗管渗流量实验值对比

利用公式(2.3)进行暗管渗流量的计算,如表 2.3 所示,结合图 2.1 的数据,进行渗流量计算值和实验值的对比,如图 2.3 所示。

表 2.3　恒定运动暗管渗流量计算值

侧向补给水位/cm	无降雨情况渗流量/($m^3 \cdot d^{-1}$)	降雨情况渗流量/($m^3 \cdot d^{-1}$)
60	2.008	1.759
52	0.745	0.759
44	0.282	0.686

有无降雨条件下,暗管渗流量的实验值和计算值的变化趋势相同;降雨情况下暗管渗流量的实验值和计算值的平均误差小于无降雨情况下的渗流量的平均误差;有无降雨条件下,不同的侧向补给水位对应的暗管渗流量计算值和实验值的误差不同,随着侧向补给水位的降低,暗管渗流量的计算值和实验值的误差越小;在无降雨情况下,暗管渗流量的计算值和实验值误差值由大到小排列顺序为侧向补给水位为 52 cm>44 cm>60 cm,在降雨情况下,其误差值由大到小排列顺序为 60 cm>44 cm>52 cm。

在暗管排水排盐工程中,对于暗管之间的水位,暗管排水控制系统可以较容易调节低水位,使暗管排水排盐工程更容易控制适宜作物生长的水位,由砂槽物理模型模拟渗流量的结果可知,暗管之间的水位越低,暗管排水控制系统消耗的成本越低,在有降雨无灌溉情况下,暗管渗流量较大,易于土壤盐分的排出。

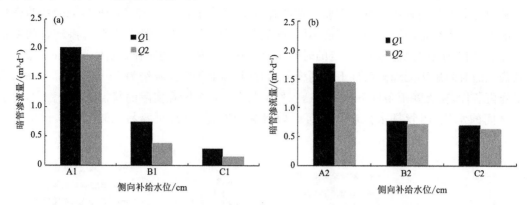

图 2.3　恒定运动无降雨(a)与降雨(b)情况下不同水位条件下暗管渗流量计算值和实验值对比
(注释:$Q1$ 为暗管渗流量的计算值,$Q2$ 为暗管渗流量的实验值)

(2)渗流速度

利用公式(2.3)进行渗流速度的计算,当侧向补给水位为 60 cm 时,暗管影响的渗流速度最大,无降雨情况下分别是 52 cm 和 44 cm 对应的渗流速度的 5.1 倍和 12.7 倍;降雨情况下,分别是 52 cm 和 44 cm 对应的渗流速度的 2 倍和 2.3 倍。因此,侧向补给水位越低,渗流速度越小。可以推断在暗管排水工程中,渗流速度越小,则其暗管排水排盐的速度越慢,但是有降雨淋洗的情况下渗流速度较大,更适于盐分的排出。表 2.4 和表 2.5 分别是恒定运动无降雨和降雨暗管渗流速度相关数据。

表 2.4　恒定运动无降雨暗管渗流速度相关数据

暗管渗流量实验值/ $(m^3 \cdot d^{-1})$	等效深度/m	渗透系数/ $(m \cdot d^{-1})$	暗管渗流量计算值/ $(m^3 \cdot d^{-1})$	土壤孔隙率	渗流速度/$(m \cdot d^{-1})$
1.901	0.282	21.86	2.008	0.215	22.102
0.374	0.282	21.86	0.745	0.215	4.353
0.150	0.282	21.86	0.282	0.215	1.741

表 2.5　恒定运动降雨暗管渗流速度相关数据

暗管渗流量实验值/ $(m^3 \cdot d^{-1})$	等效深度/m	渗透系数/ $(m \cdot d^{-1})$	暗管渗流量计算值/ $(m^3 \cdot d^{-1})$	土壤孔隙率	渗流速度/$(m \cdot d^{-1})$
1.440	0.282	21.86	1.759	0.215	16.744
0.720	0.282	21.86	0.759	0.215	8.372
0.634	0.282	21.86	0.686	0.215	7.367

(3)流线

①侧向补给水位 60 cm 的流线特征

无降雨情况下,侧向补给水位为 60 cm 时,离暗管由近到远,对应的流线特征为下凸的曲线簇,离暗管越远,地下水流以垂直运动为主,流线近似垂直向下,见图 2.4;降雨条件下,由于受到降雨的影响,离暗管 100 cm 的流线没有完整的曲线,同时离暗管 100 cm 以外的流线的垂直程度大于无降雨的流线。虽然有无降雨情况下侧向补给水位为 60 cm 时流线图相似,但是流线形成的时间不一样,降雨条件下,流线形成的时间较短。有降雨时,浸润线略高于无降雨补给情况下的浸润线。

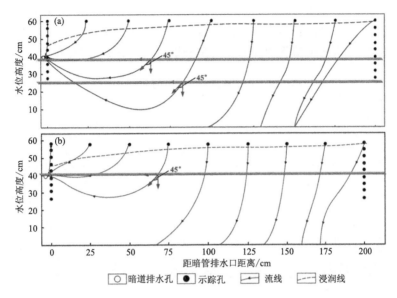

图 2.4　恒定运动无降雨(a)与降雨(b)情况侧向补给水位为 60 cm 的流线对比

在恒定运动条件有降雨情况下侧向补给水位为 60 cm 时,出现的 45°方向的流线,是一个转折点,是垂向运动转向水平运动的点,这个点的位置需要综合考虑补给能力、暗管排水能力以及暗管埋设参数,对于不同的补给能力和排水能力,45°出现的时间和位置不同,出现的位置越深,可能说明暗管的压盐性越差,同时流线的出现是由于潜水层和不饱和带协同运动导致的结果。

在暗管排水排盐实验地中,当地下水位即将要达到地面时,土体中的盐分是垂直运移到地下水中,然后在深层地下水处汇集到暗管,通过暗管排出土体,在高水位条件下,土壤浅层的盐分可以直接流进地下水。

②侧向补给水位 52 cm 的流线特征

无降雨情况下,侧向补给水位为 52 cm 高时,所有的示踪流线均指向暗管排水口,见图 2.5,离暗管越近流线的上凸的程度越大,离暗管越远重力的作用越来越明显,流线成下凹的曲线;在浸润线以上的流线上凸,浸润线以下的流线随着离暗管的距离越远,流线下凹的程度越大。在实验地中地下水埋深为 40 cm 时,在土壤浅层,盐分受到暗管的影响呈向上凸起的流动,离暗管越近,盐分被排出的程度越大,由于实验地中耕层的深度为 30 cm,因此,地下水埋深为 40 cm 时,暗管周围土壤中盐分较离暗管较远的土壤的盐分更容易被排出土体。

降雨补给情况下,在浸润线附近的流线离暗管由远到近流线与侧向补给水位为 60 cm 时相似,与无降雨情况下的流线特征相比有很大差别,由于降雨的影响,离暗管越远的流线呈垂直流动状态。在实验地中,地下水埋深为 40 cm 时,在降雨作用下,原来水平流动的盐分呈垂直流动,由于降雨的淋洗作用,使得土壤浅层的盐分较快地进入地下水,进而被排出土体。

③侧向补给水位 44 cm 的流线特征

无降雨和有降雨的情况下,当侧向水位为 44 cm 时,在暗管埋设以上的砂体,在浸润线附近的流线趋势分别跟水位为 52 cm 的相似,见图 2.6。但是在同一砂层,无降雨情况下离暗管附近的点的流线聚集程度小于 52 cm 的流线聚集,说明地下水埋深为 80 cm 时,在土壤浅层的盐分聚集程度低于地下水埋深为 40 cm;降雨情况下,侧向水位为 44 cm 时,离暗管较近的 4 条流线均趋向暗管,离暗管相对较远的 3 条流线,由于受到降雨重力的作用,均垂直向下流动,离暗管最远的流线,由于侧向补给水位较低和侧向缓冲板中孔的作用,剩余的流线流向改变,说明在有降雨的情况下,两个暗管中间的流线是分别流向暗管方向的。

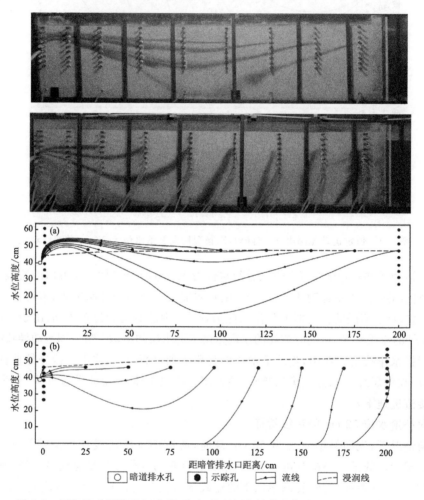

图 2.5　恒定运动无降雨(a)与降雨(b)情况侧向补给水位为 52 cm 的流线对比

2.2.5.2　非恒定运动情况下暗管周围渗流场模拟研究

1)实验设计

侧向补给实验由供水装置供水、设有调节水位的稳水箱,水经过过滤缓冲板,汇集至暗管中,再由暗管装置排出。以砂槽底部作为基准面,为方便分析实验数据,实验中 3 个初始水位分别是 60 cm、52 cm、44 cm,分别用 $D1$、$E1$、$F1$ 来代表,实验结束时间以暗管基本不排水为准。

降雨补给实验由供水装置和降雨装置供水,实验中 60 cm、52 cm、44 cm 3 个水位分别用

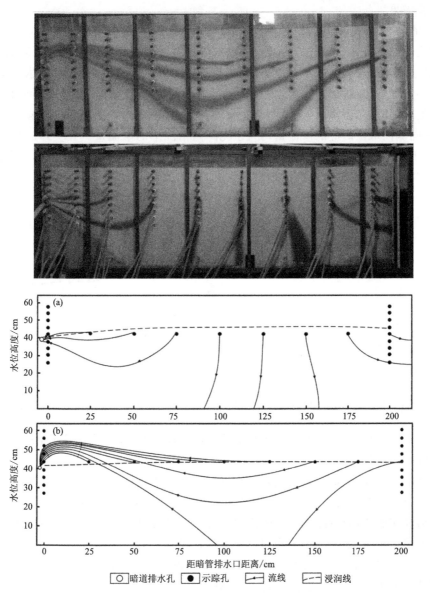

图 2.6　恒定运动无降雨(a)与降雨(b)情况侧向补给水位为 44 cm 的流线对比

$D2$、$E2$、$F2$ 来代表,实验时间根据无降雨情况稳定。

本实验是模拟地下水埋深初始分别为 0 cm、40 cm 和 80 cm 时,在无降雨和有降雨条件下,侧向补给水位不断变化,暗管的渗流量、渗流速度的变化情况,并观察离暗管距离不同的点的流线特征。

2)实验步骤

根据设定的 3 个特征水位,调整侧向补给水位和暗管排水强度(降雨实验中需要调节降雨装置),与恒定情况下相对应位置的示踪孔处染色,观测水流示踪,记录时间段内(5 min)暗管渗流量、测压孔水头值,然后观测流线特征。利用测压孔水头值转换水位,利用水位数据计算渗流量的计算值,并与实验值对比分析。

3)实验结果

(1)渗流量

由曲线图2.7可知,无降雨的条件下,暗管渗流量随着时间的增加而逐渐降低;有降雨条件下,暗管渗流量随时间的增加而逐渐稳定,其中侧向补给水位为44 cm时,达到稳定的时间最短。两种情况下,随着侧向补给水位的降低其暗管渗流量的变化幅度降低,同时暗管渗流量达到稳定的时间缩短,但降雨条件下,侧向水位越低,其渗流量对于降雨的响应越敏感。降雨情况下,不同侧向水位对应的渗流量均大于无降雨情况下的渗流量。在实际的暗管排水工程中,暗管排水控制系统可以较容易调节低水位,使暗管排水工程更容易控制渗流量的大小,同时控制暗管排水控制系统消耗的成本。

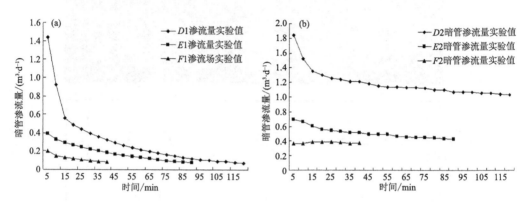

图2.7　非恒定运动无降雨(a)与降雨(b)情况下不同水位条件下暗管渗流量实验值对比

根据公式(2.2)计算得到非恒定运动下的渗流量计算值,并与暗管渗流量的实验值进行对比分析,如图2.8所示。

侧向补给水位为60 cm时,有无降雨情况下的暗管渗流量实验值的变化幅度大于计算值的变化幅度;但是,有降雨情况下的暗管渗流量计算值和实验值的变化幅度均小于无降雨情况下的计算值和实验值,而且除刚开始的值,暗管渗流量的计算值均大于暗管渗流量的实验值。

侧向补给水位为52 cm时,无降雨情况下暗管渗流量的计算值均大于实验值,其计算值的变化幅度大于实验值的变化幅度;降雨情况下,其情况相反,但相同时间段内降雨情况下的暗管渗流量计算值大于无降雨情况的渗流量计算值。

侧向补给水位为44 cm时,无降雨情况下暗管渗流量的计算值均大于实验值,但是其变化幅度小于暗管渗流量实验值的变化幅度;降雨情况下,暗管渗流量的计算值和实验值差别很大,其实验值大于计算值,但是暗管渗流量的变化趋势相似。

(2)渗流速度

利用公式(2.3)进行渗流速度实验值的计算,并进行非恒定运动有无降雨暗管渗流速度的对比。由图2.9可知,无降雨情况下,暗管影响下的渗流速度随着侧向补给水位的降低而变小,但是降雨情况下,渗流速度均大于无降雨的渗流速度。在暗管排水工程中,抽水过程中,有降雨情况或者增加灌溉时,渗流速度变大,则其暗管排盐的速度变快,使土体中的盐分更加快速地排出。

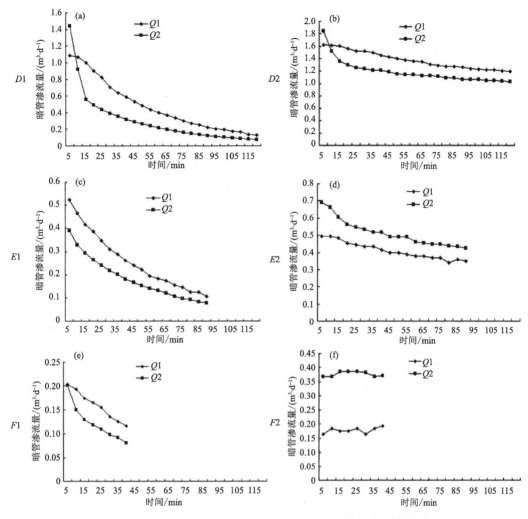

图 2.8　非恒定运动不同水位条件下暗管渗流量计算值和实验值对比
（D、E、F 分别代表初始水位为 60 cm、52 cm、44 cm；1 为侧向补给，2 为降雨补给）

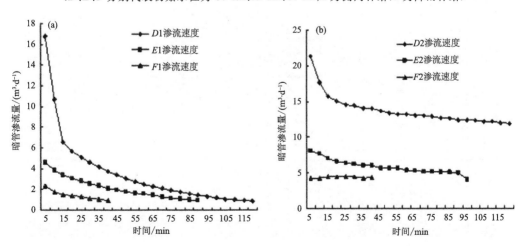

图 2.9　非恒定运动无降雨（a）与降雨（b）情况下不同水位条件下暗管渗流速度实验值对比

（3）流线

①侧向补给水位 60 cm 的流线特征

无降雨情况下，见图 2.10，初始侧向补给水位为 60 cm 时，实验时间为 120 min，随着时间的变化，示踪孔的染色面积逐渐变大；砂槽中随着浸润线的降低，槽体中砂体由饱和变为不饱和的过程，随着浸润线的下降，染色剂向下运动，当浸润线不在变化时，染色剂聚集到浸润线附近，并随水流排出砂槽。可以推断在实际的暗管排水工程中，无降雨情况下，抽水过程中，随着地下水位的降低，土壤上层盐分随着地下水聚集到不饱和层。

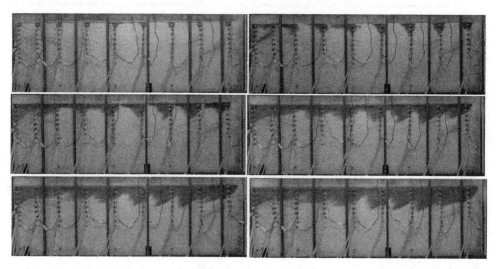

图 2.10　非恒定运动无降雨情况侧向补给水位为 60 cm 的流线变化

降雨情况下，见图 2.11，侧向补给水位为 60 cm 的流线随时间的变化其特征与降雨定水位条件下侧向补给水位为 60 cm 的相似，但其流线示踪时间不同，降雨情况下非恒定运动出现完整流线的时间短于降雨情况下恒定运动出现完整流线的时间。在暗管抽水过程中，降雨情况下，土壤上层的盐分随雨水逐渐进入暗管和地下水。

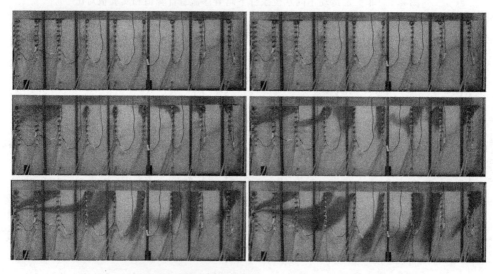

图 2.11　非恒定运动降雨情况侧向补给水位为 60 cm 的流线变化

②侧向补给水位 52 cm 的流线特征

无降雨情况下,见图 2.12,初始侧向补给水位为 52 cm 时,实验时间为 90 min,离暗管较近的 3 个示踪孔呈现较完整的流线,其他离暗管越远的示踪孔中的染色剂,其整个染色面积向下的倾斜程度越大,说明在非恒定运动中,无降雨情况下,流线受到的重力作用不明显,而离暗管越近受暗管作用越明显,离暗管越远,受到侧向补给的作用越大,可以推断在暗管排水工程中,两个暗管中间的地下水埋深为 40 cm 时,浸润线附近的盐分不能够及时被排出。

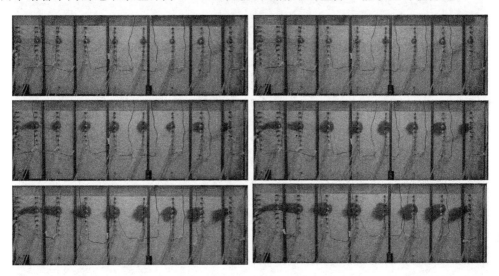

图 2.12　非恒定运动无降雨情况侧向补给水位为 52 cm 的流线变化

降雨情况下,见图 2.13,初始侧向补给水位为 52 cm 时,实验时间为 90 min 时,离暗管较近的 4 个示踪孔呈现较完整的流线,离暗管较远的示踪孔中的流线,由于降雨的作用,均呈向下运动的趋势,但是,受到侧向补给和暗管的作用,流线呈现相暗管方向的倾斜,其倾斜度离暗管越远越大。由于降雨的作用,在实验进行到与无降雨实验的时间相同时,发现染色剂仍然在运动,所以继续实验,发现实验 240 min 后,砂槽呈现的流线跟恒定运动情况降雨条件下的流线相似,说明在降雨情况下,地下水埋深为 40 cm 时,在有降雨或者灌溉的情况下,加速了土壤中盐分随着降雨被排出暗管或者进入地下水,从而减轻暗管以上土壤的含盐量。

③侧向补给水位 44 cm 的流线特征

无降雨情况下,见图 2.14,初始侧向补给水位为 44 cm 时,实验时间为 40 min,靠近暗管附近的流线呈明显的曲线,其他示踪点受暗管和侧向补给的影响较小,没有能够流动到暗管附近。

降雨情况下,见图 2.15,初始侧向补给水位为 44 cm 时,流线随时间的变化其特征与恒定运动降雨条件下侧向补给水位为 44 cm 的相似,但其流线示踪时间不同,说明在以降雨补给为主要补给的情况下,土体中的盐分可以很快地被淋洗到地下水中,并被暗管排出。

降雨情况下,实验时间为 40 min 时,离暗管较近的 3 个示踪孔呈现较完整的流线,离暗管较远的示踪孔中的流线,由于降雨的作用,均呈向下运动的趋势,但是,受到重力和暗管的作用,流线呈现向暗管方向的倾斜,以离暗管较远的第六个示踪孔为分界点,由于侧向补给水位

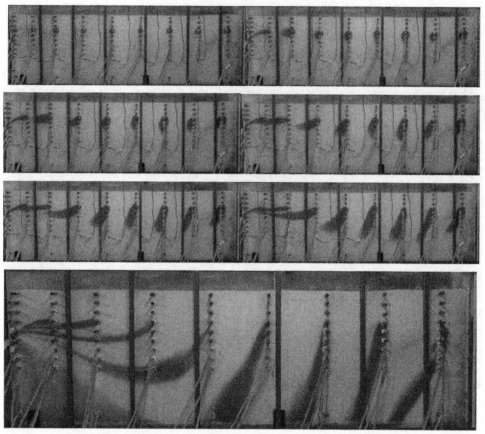

图 2.13　非恒定运动降雨情况侧向补给水位为 52 cm 的流线变化

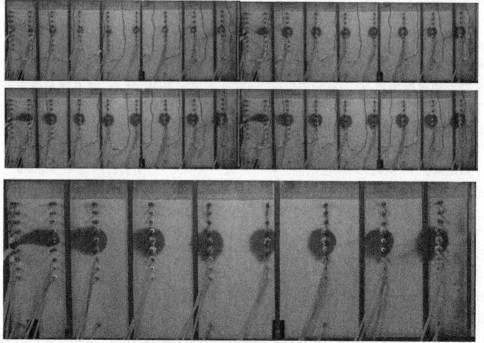

图 2.14　非恒定运动无降雨情况侧向补给水位为 44 cm 的流线变化

较低和侧向缓冲板的作用,剩余的流线流向调节水箱的方向。由于降雨的作用,在实验进行到与无降雨实验的时间相同时,发现染色剂仍在运动,继续实验发现 180 min 后,砂槽呈现的流线跟恒定运动情况降雨条件下的流线相似。

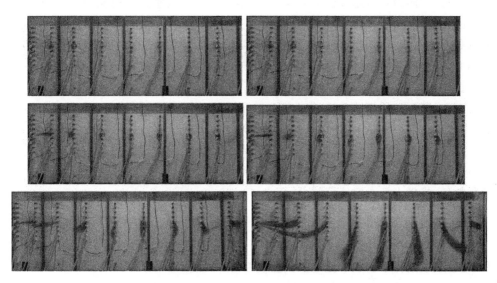

图 2.15　非恒定运动降雨情况侧向补给水位为 44 cm 的流线变化

2.2.6　近滨海盐碱地暗管埋设下渗流场砂槽物理模型模拟结论

(1)暗管排水下渗流量特征

①恒定运动情况

在无降雨的条件下,暗管渗流量随着时间的增加而逐渐趋于稳定,同时随着侧向补给水位的降低,暗管渗流量减少。降雨情况下,不同水位对应的暗管渗流量均比无降雨情况下的暗管渗流量大。推断在实际的暗管排水工程中,由暗管排水系统控制两个暗管中间地下水位越高,实施工程的盐碱地的水盐排出量越大;有降雨或者灌溉情况下,加速了盐碱地土壤中盐分的淋洗。

②非恒定运动情况

无降雨的条件下,暗管渗流量随着时间的增加而逐渐降低;有降雨条件下,暗管渗流量随时间的增加而逐渐稳定,随着侧向补给水位的降低,暗管渗流量达到稳定的时间减少。在实际的暗管排水工程中,排水力度较大,由暗管排水系统控制的两个暗管中间的地下水位随着时间逐渐下降时,结合降雨和排水情况,可以使盐碱地中土壤盐分得到更好的淋洗。

(2)暗管排水下渗流速度特征

①恒定运动情况

随着侧向补给水位降低,渗流速度会变小。由此可知在暗管排水工程中,渗流速度越小,则其暗管排水排盐的速度越慢,但是有降雨淋洗的情况下渗流速度变大,更适合盐分的排出。

②非恒定运动情况

无降雨情况下,暗管影响下的渗流速度随着侧向补给水位的降低而变小,但是降雨情况下,渗流速度均大于无降雨的渗流速度,加快了实际暗管工程中盐碱地水盐的运动。

（3）暗管排水下流线特征

①降雨情况下，侧向补给水位越低，其流线聚集越密集，由此可知在实际暗管排水工程中，两个暗管之间的水位越低，暗管以上的土层的盐分聚集程度越高；无降雨情况下，随着侧向补给水位的降低，流向暗管的流线数量减少，绝大多数的流线以垂直方向流动，可知在实际暗管排水中，降雨或者增加灌溉，使得离暗管较近的土壤中的盐分较快排出土体，同时加快了距离暗管较远处土壤盐分进入地下水的速度。与无降雨相比，降雨情况下离暗管较近的点的水盐运移受暗管影响较大，离管越远，受降雨的影响越大。

②非恒定运动情况

无降雨条件下，初始侧向水位分别为 60 cm、52 cm 和 44 cm 时，砂槽中随着浸润线的降低，槽体中砂体由饱和变为不饱和的过程，染色剂除了向地下水方向流动之外，受不饱和带的影响，不断地补给不饱和带，导致在不饱和带染色剂的聚集。降雨条件下，随着侧向补给水位的降低，流向暗管的流线数量降低，可以推断在同一水平土层，暗管排水系统控制的两个暗管中间水位越低，排出土壤中的盐分越少。

2.3　数值模型模拟

2.3.1　暗管埋设条件下土壤水盐运移模型模拟研究进展

为了研究暗管埋设对地下水与土壤水运移特征的影响，很多学者在各种水分运移理论的基础上模拟暗管埋设下地下水与土壤水的运移规律。基于斯卡格斯排水模式的 WEPP（水侵蚀预报工程）模型输入土壤透水性、排水管间距及埋深、土壤深度和地下水位高度等参数可模拟地下水流向人工排水管或排水沟的情形。邵孝侯等（2000）应用非饱和土壤水分运动原理，对塑料暗管排水条件下分层土壤的水分运动进行了数值模拟，输入土壤容水度、土壤渗透性、模拟时段的蒸发、地下水埋深、初始土壤剖面含水量等参数可求得排水条件下灌溉或降雨后土壤水分的变化过程，应用该模型可确定出试验区在一定外界气象条件下不同地下水降落速度时农田的受渍情况。有研究将水力传导度作为模拟暗管埋设条件下土壤水盐运移的重要参数来改进模型，例如，将土壤各层的饱和导水率与大孔隙度作为改进模型的一个参数可以提高模拟精度，将水力传导度的空间变异性加入模型可提高预测暗管埋设条件下大尺度范围内饱和水力传导度的精确性（Moustafa，2000）。Nieber 等（1991）用基于有限差分方程的饱和异质媒介中的三维达西流来模拟单一土管情景下的饱和理想坡面流，王友贞等（2004）利用三维地下水流运动模型模拟不同地下水位下田间地下水动态变化。Singh 等（2006，2007b）用像土壤数据这样的常规数据及如土壤传递性函数类的技术对排水模拟模型（DRAINMOD）进行校准与验证，校正后的模型模拟结果显示暗管在 1.05 m 埋深、25 m 间距下的排水强度为 0.46 cm·d^{-1}，这样的暗管设计足以在令排水量与硝态氮损失量最小时保证作物产量的最大化；对暗管排水、地表径流与作物产量管理方面的模拟显示，0.75 m 的排水深度与 1.2 m 的可控性排水深度可将地下水埋深控制在0.6 m，与传统的 1.2 m 自流排水相比，可减少暗管排水量、增加地表径流，但同时也存在作物多余水胁迫及产量降低的风险。

暗管埋设条件下土壤盐分运移的理论研究是以溶质运移理论为基础的，其主要影响因素为暗管埋深与间距。张展羽等（1999）根据溶质运移理论及土壤水动力学理论，对滩涂盐渍地改良过程中暗管田间排水工程的技术参数进行分析研究，提出了不同脱盐标准条件下暗管埋深、管距及管径。张月珍等(2011)运用溶质运移理论分析了冲洗条件下暗管排盐工程设计参数的理论模型和迭代求解方法,研究了脱盐标准与冲洗时间及冲洗定额之间的关系。张金龙等(2011)把暗管排水条件下盐碱土漫灌冲洗改良水分运动视为二维稳定流,根据水盐运移特征和水量平衡原理,运用 Vedernikov 入渗方程、Vander Molen 淋洗方程等推求盐碱地灌排改良工程技术参数,提出了适应滨海区自然环境的灌排改良工程暗管埋深、暗管间距、暗管管径、淋洗定额等技术参数估算方法。Bahceci 等(2006)用 SaltMod 模拟基于不同排水量、根系层盐分含量与地下水埋深的不同暗管埋深的改良效果,结果证明土耳其科尼亚平原 1.2 m 的埋深是比较可行的。Rao 等(1991)用 Crank-Nicholson 有限差分求解一维对流弥散溶质运移模型并将其应用于铺设不同间距排水暗管的水稻田盐分监测,发现该模型的模拟值与实测值较一致,可用来预测相似土壤条件下不同暗管埋设间距下的土壤盐分动态变化。张亚年等(2011)用概化后的 Hydrus 三维模拟数值模型模拟暗管排水条件下的土壤水盐运移特征,得到表层土壤盐分下降快,深层土壤盐分呈现先增后减的趋势,这与室内渗流槽试验结果一致。

对比与检验各种暗管排水模型模拟精度与适用性的研究也不少。对大尺度实地排水模型在暗管排水区的应用进行统计学检验及进行验证效率的计算发现,虽模型验证效率没有达到适用的最低限,但统计分析显示在洪峰流速与次数方面模拟值与实测值大体一致(Hackwell et al.,1991)。通过试验数据检验 WaSim 模型的模拟精度,发现该模型忽略土壤多次盐化-反盐化循环过程中解析、吸附、溶解等的差异,因此,只可用来简单模拟暗管排水情况或为暗管埋设设计参数提供参考,若要提高模型预测水位与盐分变化精度,还需更多试验结果来支持(Hirekhan et al.,2007)。Singh 等(1992)在同一假定条件下调整基于 Ernst、Dagan 与 van Beers 方程的稳态排水方案,发现不同方程的计算结果趋势基本一致,预测值与实际值较吻合。Sarangi 等(2006)认为 BP 神经网络模型比 SALTMOD 更适合模拟暗管排水的含盐情况,Liu 等(2011)证明 DSSAT v4.5 模型可以很好地模拟控制排水与自由排水条件下的地表含水量、氮素流失量及作物产量。

合理的暗管排水系统设计及排水制度是保证暗管排水系统正常运行、作物正常生长的关键。农田暗管排水系统工程的投入较高,所以利用模型情景化模拟的优势为农田暗管排水系统提供合理的设计方案及排水制度是十分必要的。田间水文模型可以利用水量平衡等原理,模拟各种灌溉、排水制度以及气候变化下的排水量、地下水位变化及盐分运移状况等。通过对模拟结果的分析可以总结出最佳的暗管埋设深度、间距以及最佳的排水时期和排水量,以保证作物的正常生长。在农田排水系统模拟方面,已经有几个较为成熟的计算机模型用来模拟地表、地下排水的性能。多数模型是以 Richards 方程为基础的土壤水动力学模型,需要详细的土壤水动力学参数及溶质运移参数。这些参数的获得往往十分困难,因此一定程度上阻碍了模型的发展应用。还有一类模型是基于简单的水量平衡原理,DRAINMOD 模型就是这类模型的典型,由于形式简单、预测精度良好而为美国农业部自然资源保护局所推荐,并已经在不同国家和地区进行了试用。COMSOL Multiphysics 是一款大型的高级数值仿真软件,以有限元法为基础,通过求解单个偏微分方程(单物理场)或偏微分方程组(多物理场)来实现真实物理现象的仿真。针对不同的具体问题,COMSOL Multiphysics 可求解稳态和瞬态问题,线性和非线性分析,特征值和模态等各种数值分析。与专门针对土壤水盐模拟的软件相比,COMSOL 在处理实际问题和数值计算上适用性更广,可模拟出更为接近实际条件的复杂的工程环境。

2.3.2　DRAINMOD 模型

2.3.2.1　DRAINMOD 模型原理

DRAINMOD 模型是美国北卡罗来纳州立大学农业工程系 Skaggs 博士 1978 年开发的一个田间水文模型。DRAINMOD 模型最初应用于湿润地区,随着模型的发展,逐渐应用于干旱一半干旱地区以及寒冷地区。DRAINMOD 模块也在最初的田间水文模块基础上,增加了盐分子模块(DRAINMOD-S)、氮素子模块(DRAINMOD-N)。Jain 等(1985)对 DRAINMOD 的蒸散发子模型在半干旱地区的地下水位变化方面的影响进行了研究;Luo 等(2000)对 DRAINMOD 模型在寒冷地区的应用进行了修正。McCarthy 等(1992)和 Amatya 等(1997)应用 DRAINMOD 模型对田块和流域尺度上森林排水的水文过程模拟进行了扩展。Kandil 等(1995)扩展了 DRAINMOD 的盐分模拟模块 DRAINMOD-S,并对干旱地区灌溉条件下的盐分运动进行了模拟,并在国外半干旱地区得到应用。

该模型以土壤剖面中的水量平衡为基础,可以较为准确地预测出田间地下水位、地表和地下排水量以及作物产量等,常用来模拟不同排水工程设计及管理措施下的农田排水过程。模型利用长序列气象资料、土壤和作物数据等,模拟不同的农田排水管理过程中田间入渗、蒸发、地表径流、地下排水和地下水埋深等水文要素的逐日变化情况。在某个时间段内,土壤截面的水量平衡可表示为:

$$DV_a = D + ET + DS - F \qquad (2.6)$$

式中,DV_a 为土体内水量变化量(cm),D 为侧向排水量(cm),ET 为蒸散量(cm),DS 为深层渗漏量(cm),F 为入渗量(cm)。

当降雨产生地表径流或积水时,在土层表面建立设定步长时段内的水量平衡方程:

$$P = F + \Delta S + RO \qquad (2.7)$$

式中,P 为降雨量或地表灌溉量(cm),F 为入渗量(cm),ΔS 为地表积水变化量(cm),RO 为地表径流量(cm)。

2.3.2.2　近滨海盐碱地暗管排水条件下地下水埋深动态变化模拟

(1)研究区概况

研究区地处河北省沧州市南大港管理区,属于暖温带半湿润大陆性季风气候,由于临近渤海湾,略带海洋气候特征,年平均气温 12.1℃,无霜期 194 d,年平均日照时数 2755 h,年降水量 656.5 mm,气候四季分明,春季干燥多风,夏季雨量集中,气候炎热,秋季秋高气爽,冬季寒冷少雪。研究区地下水矿化度较高,平均为 10 g·L^{-1},地下水主要离子是 Cl$^-$,占全盐量的 37%~48%。土壤可明显划分为上下两层:表层为中壤(0~30 cm),下层为黏土(30~180 cm)。土壤饱和导水率较低,但下层土壤多有大孔隙,导致土壤的横向饱和导水率偏高。由于地下水矿化度较高,地下水埋深较浅,土壤含盐量也较高,为 0.2%~0.6%。

(2)试验设计

研究区暗管埋设工程于 2011 年 3 月开始施工,暗管排水系统于 2011 年 6 月正式启用。研究时间段为 2011 年 6—9 月。根据施工前对暗管系统设定,研究区内共有 4 种埋设方案,本研究只模拟其中一种方案:暗管埋深 1.2 m,暗管间距 30 m,暗管长度 100 m。暗管一端与集水井相连,农田地下水通过集水管(坡降比 0.1%)排入集水池,在集水池处设有水泵可将集水池的水强排至当地的排水干渠。研究中采用控制性排水技术,即在地下水位较高时,使用排水泵进行抽水作业。另外,试验区周边设有非埋管区,即对照区。

研究区安装有 WatchDog 2900ET 自动气象站,通过自动气象站可以观测日最高温、日最低温、降雨量、蒸腾量等气象数据。在试验区及对照区分别设有地下水埋深观测管。试验区设有 7 根观测管,分别距中间暗管 0 m、5 m、10 m 和 15 m,并对称分布于暗管两侧。对照区设有 1 根观测管。

在控制性排水试验中,通过强排来控制农田地下水埋深。按初期经验,以排水时间来达到对地下水埋深的控制。在不同排水方案模拟时,共设置了 4 种排水方案:无强制排水(0 cm),地下水埋深控制在常年水平(50 cm)、最大排水深度(100 cm)及中间水平(80 cm),以期寻求最佳排水管理方案。

(3)模型参数获取

DRAINMOD 模型基本输入参数包括气象、土壤、作物和排水 4 个部分。

①气象数据

模型所输入的气象数据为 2011 年 6—10 月的日最高温度、日最低温度、降雨量和潜在蒸散量,来源于试验地周边自动气象站(美国 WatchDog 2900ET)实测数据,其中潜在蒸散量应用模型自带的 Thornthwaite 方法计算。

②土壤参数

主要的土壤参数有土壤分层以及每层土壤的厚度、土壤水分特征曲线、垂向和侧向饱和导水率。模型还要求输入一些土壤数据,包括入渗方程 Green-Ampt 方程参数 A 和 B 与地下水位的关系、排水量和地下水位关系、地下水上升通量与地下水位关系。

研究区每层土壤水分特征曲线由 Hyprop 仪器获得,侧向饱和导水率采用野外钻孔法测量,垂向饱和导水率分别采用单环法和双环法进行测量。排水量与地下水位的关系、地下水上升通量与地下水位的关系以及 Green-Ampt 方程中 A 和 B 系数与地下水位的关系等,利用模型自带的土壤数据准备程序进行计算。

③作物参数

作物参数主要包括作物种植时间、作物有效根长,作物干旱和湿润周期。其中作物有效根长、有效根深的确定按照模型介绍的方法,根据作物系数查表计算确定。

④排水参数

排水参数主要包括暗管埋设深度、暗管埋设间距、有效管径、排水系数及地表积水深度见表 2.6。

排水管深度和间距是本次暗管埋设的主要工程参数,排水管有效半径为 2 cm 对应于排水暗管的真实管径 100 mm;初始地下水埋深为暗管正式启用前的地下水埋深值;排水系数是根据相应计算公式而得;最大地表积水深度 Sm 和 Kirkham 积水深度 SI 共同表达地表平整度,即地表排水状态。SI 一般根据 Sm 值经验取其值一半左右,Sm 值越大说明地表排水状况越差,一般当 Sm 在 0.2~0.5 cm 表示地表平整度好,一场暴雨后地表无积水;Sm 在 1.0~1.5 cm 表示地表平整度一般,排水状况一般,一场暴雨后地表局部浅积水;Sm>2 cm 表示地表平整度不好,排水状况很差,一场暴雨后地表大部分积水。

(4)模型率定评价

为准确、客观地评价模型的应用效果,研究选取国际上常用的 Nash-Sutcliffe 效率系数(ENS)和相对误差系数(RE)来评价排水模拟模型的运行效率,效率系数越接近 1,证明模拟效果越好。

表 2.6　试验区 DRAINMOD 模型排水设计参数

参数	数值
排水管埋设深度/cm	120
排水管埋设间距/cm	3000
排水管有效半径/cm	2.0
相对不透水层深度/cm	300
初始地下水埋深/cm	70
排水系数/(cm·d^{-1})	2.5
最大地表积水深度(Sm)/cm	1.5
Kirkham 积水深度(SI)/cm	0.5

$$ENS = 1 - \sum_1^n (Q_o - Q_5)^2 / \sum_1^n (Q_o - Q_{avg})^2 \qquad (2.8)$$

$$RE = \left(\left| \sum_1^n Q_s / \sum_1^n Q_o - 1 \right| \right) \times 100\% \qquad (2.9)$$

式中,Q_o 为观测值,Q_s 为模拟值,Q_{avg} 为观测值的平均值,n 为观测样点数。

将 DRAINMOD 的模拟值与实测值进行比较计算得出 ENS 为 0.67,RE 为 6.15%,说明该模型的模拟效果较好。综合模型运行所需参数的获取手段,导致模型运行效率偏低的原因可能有:①潜在蒸散量采用 Thornthwaite 模型计算,此模型是用日最低温、最高温估算所得,这会带来一定的误差。②DRAINMOD 模型设计的排水方案与实际排水方案有偏差。DRAINMOD 模型采用的是控制性排水,即每月设定 1 个排水阈值,只有地下水埋深在此值之上时才进行排水,与实际排水方案有一定的差异。③在模型中未深入考虑农田侧渗状况。④模型没有考虑土壤大孔隙的影响,而试验地中观测到土壤中含有大量的大孔隙。

(5)模型模拟结果

①控制性排水条件下地下水埋深动态变化

若以地下水埋深 30 cm 为涝渍害界限,6 月 1 日—9 月 1 日,暗管埋设区排水条件下有 12 d 涝渍害;对照区无暗管排水条件下涝渍害时间高达 40 d,一次强降水甚至可使地下水埋深由 88 cm 上升到地表(图 2.16)。农田暗管排水条件下,地下水埋深可在 2 d 内降至 60 cm;在非排水条件下地下水埋深需在 15 d 后降至 60 cm。7 月 15—30 日为降雨多发期,共降雨 250 mm,暗管排水条件下只有 3 d 受涝渍害影响;无暗管排水条件下,农作物会受 13 d 涝渍害影响。由此可见,暗管排水能大大降低该地区的涝渍害发生率,从而减少对作物的影响。

②控制性排水条件下地下水埋深动态变化模拟

农田暗管排水系统中,两条农田排水管的中点为地下水埋深最低处,排水效率通常以此处的地下水埋深变化为表征,因此,模拟时只模拟该点地下水埋深变化状况。在参数确定之后,对 2011 年 6—9 月的地下水埋深变化状况进行了模拟。模拟结果显示,DRAINMOD 模拟的地下水埋深变化与实测值较为吻合(图 2.17)。6 月和 9 月是非频繁排水期,田间实际排水状况基本符合 DRAINMOD 模型关于排水控制的要求,ENS 高达 0.79,相对误差系数为 5.39%,模拟值和实测值一致性较高。7 月和 8 月是频繁排水期,由于抽水作业较多,且排水深度不统一,造成田间实际排水状况与 DRAINMOD 模型关于排水控制的要求有一定差距,

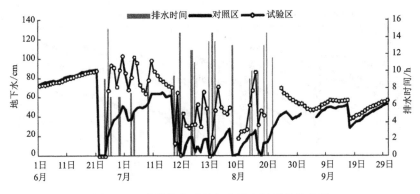

图 2.16　暗管排水时长与地下水埋深变化关系

故模拟效果一般,ENS 仅为 0.45,相对误差系数为 7.09％。以上表明,DRAINMOD 模型在自然条件下以及非频繁排水条件下对地下水埋深变化模拟精度较高;而在频繁排水期,模拟精度较差。因此,合理排水制度的制定能极大地提高 DRAINMOD 模型的模拟精度。即便如此,也可以看出强制排水可以很好地控制农田地下水位。即使发生强降雨(比如 6 月 22 日,日降雨量 100 mm),也能通过强制性排水在 2 d 内使农田地下水埋深降至 60 cm 以下,从而减轻涝渍害对作物的影响。

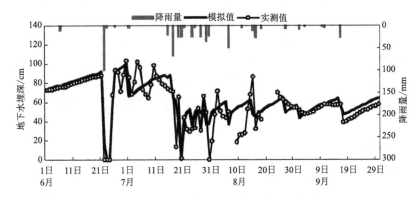

图 2.17　地下水位变化实测值与 DRAINMOD 模拟值

③不同排水方案下地下水埋深模拟

不同排水方案对作物生长及周边生态环境的影响不同。选择合适的排水方案不仅可以减轻盐碱地的盐渍化问题,更有利于提高作物的产量。根据多次排水经验,选择无强制排水和地下水埋深控制在 50 cm、80 cm 及 100 cm 作为未来夏季控制性排水的 4 种预案。其中,50 cm 是试验地多年平均地下水埋深,100 cm 是试验地控制性排水所能保证的最大深度。

应用 DRAINMOD 模型对 4 种控制性排水方案下的地下水埋深进行模拟,结果显示:随着地下水控制埋深的增加,地下水埋深逐渐增加,排水效果也逐渐增强(图 2.18)。若以地下水埋深 30 cm 作为作物受渍害的标准,2011 年 6—9 月,无强制排水方案将导致 55 d 涝渍害发生;控制地下水埋深为 50 cm 时,仅有 1 d 发生渍害;在 80 cm 及 100 cm 时无渍害发生。而将地下水埋深控制在 100 cm 需要暗管排水系统一直运作。考虑到经济成本和可能的生态环境影响,将地下水埋深控制在 80 cm 左右较为合适。

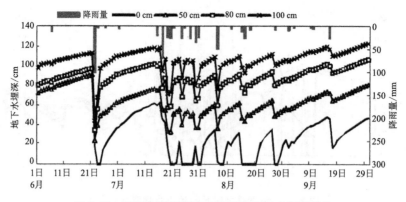

图 2.18　不同控制性排水方案下的地下水埋深变化

（0:无强制排水;50:地下水埋深控制在 50 cm;

80:地下水埋深控制在 80 cm;100:地下水埋深控制在 100 cm）

2.3.2.3　河北滨海盐碱地暗管排水条件下地下水埋深动态变化模拟结论

应用 DRAINMOD 对河北近滨海暗管排水试验区 2011 年 6—10 月的地下水埋深进行了模拟,并对不同排水方案下地下水埋深的变化进行了预测。研究结果表明:①DRAINMOD 在模拟滨海地区的地下水位变化方面有一定的适用性,模型的 Nash-Sutcliffe 效率系数为 0.67,相对误差系数小于 10%,表明模型模拟效果较好;②现有农田暗管排水系统能明显降低涝渍害的发生,即使发生强降水,也能在 2 d 内将地下水埋深控制在 60 cm 以下;③通过对不同排水方案的模拟效果进行比较,可选择将地下水埋深控制在 80 cm 左右作为研究区夏季控制性排水的标准。总体来讲,模型在该地区的模拟效果较好,可以为近滨海地区农田排水系统提供理论支撑,并为农田排水工程的管理提供科学方法。但是模型的模拟精度还需进一步提高,控制排水系统还需进一步完善。

2.3.3　COMSOL 模型

2.3.3.1　COMSOL 模型的基本原理

运用 COMSOL 多孔介质和地下水流模块,模拟的水分运动采用饱和—非饱和水流的 Richards 方程,溶质运移基于 Fick 定律的对流—弥散方程,将两个模式耦合在同一物理场中,来模拟淋洗条件下土壤水分和盐分（Cl⁻）的二维运移过程。为了确保 COMSOL 多孔介质和地下水流模块耦合可以用于对土壤水盐运动的模拟,首先进行了砂槽模型的盐分运移拟合,通过使用咸水进行侧向补给,监测盐分变化并与 COMSOL 模型进行对比。

2.3.3.2　河北滨海盐碱农田暗管排盐渗流场模拟研究

（1）实验设计

基于砂槽模型结合滨海农田实际情况,模拟对象选为高 0.7 m、水平断面为边长 2 m、宽为 0.2 m 的长方体盐土土体,如图 2.19 所示。

本模拟中砂土①经过淹水,土壤饱和后,表层保持 2 cm 积水进行淋洗,水分在土壤中入渗

---

①　砂土是指土壤颗粒组成中砂粒含量较高的土壤,它是土壤质地基本类别之一。中国规定:砂粒（粒径 0.05～1 mm）含量大于 50% 为砂土。

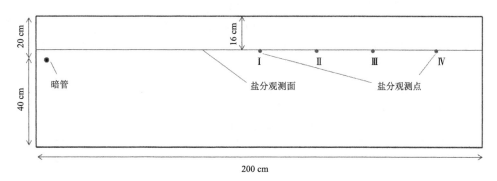

图 2.19　模型示意图

的过程属于空间三维运动,由于 3D 问题极其复杂,将问题简化为非均质、各向同性的水盐运动二维问题来模拟,土壤水分运动控制方程可表达为:

$$\frac{\partial \theta}{\partial t} = \frac{\partial}{\partial x}\left[K(h)\frac{\partial h}{\partial x}\right] + \frac{\partial}{\partial z}\left[K(h)\frac{\partial h}{\partial z}\right] + \frac{\partial K(h)}{\partial z} + W \tag{2.10}$$

式中,θ 为土壤体积含水率;$K(h)$ 为水分渗透系数($\text{cm}\cdot\text{min}^{-1}$);$h$ 为土壤水压强水头(cm);z 为纵坐标(cm);W 为源汇项。

初始条件与边界条件:

$$\begin{cases} H(x,z,t)\big|_{t=0} = H_0(x,z), (x,z)\in\Omega \\ H(x,z,t)\big|_{BC} = H_1(x,z,t), (x,z)\in BC \\ K\frac{\partial H}{\partial n}\bigg|_{AB} = q_1(x,z,t), (x,z)\in AB（地表有积水) \\ \frac{\partial \theta}{\partial n} = 0, (x,z)\in AB、AD、CD（地表无积水) \end{cases} \tag{2.11}$$

式中,H_0 为 $t=0$ 时刻土壤剖面的压力头,AB 为上边界在地表有积水条件下视为大气边界,只考虑降水,忽略蒸发,而在地表无积水条件下视为无流量边界,AD 左边界和 CD 下边界由于装置隔水视为无流量边界,右边界 BC 由于水箱对砂槽通过调节水位的方式进行供水补给视为给定水头边界。

溶质运移的控制方程:

对土壤盐分的运移采用二维对流—弥散方程进行描述。

$$\frac{\partial(\theta c)}{\partial t} = \frac{\partial}{\partial x}\left(\theta D_{xx}\frac{\partial c}{\partial x}\right) + \frac{\partial}{\partial z}\left(\theta D_{zz}\frac{\partial c}{\partial z}\right) - \frac{\partial \theta c v_x}{\partial x} - \frac{\partial \theta c v_z}{\partial z} \tag{2.12}$$

式中,c 为溶质浓度($\text{g}\cdot\text{L}^{-1}$);$D_{xx}$ 为 x 向扩散系数;D_{zz} 为 z 向扩散系数;v_x 为横向平均流速($\text{m}\cdot\text{s}^{-1}$);$v_z$ 为纵向平均流速($\text{m}\cdot\text{s}^{-1}$)。

假设平均流速方向与 z 轴方向一致,则

$$D_{xx} = a_L v + D_{mL}\tau L, \quad D_{zz} = a_T v + D_{mL}\tau L, \quad v = \sqrt{v_x^2 + v_z^2} \tag{2.13}$$

式中,a_T 为纵向弥散度;a_L 为横向弥散度;v 为平均流速($\text{m}\cdot\text{s}^{-1}$);$D_{mL}$ 为氯离子在纯水中的扩散系数,取 $1.296\ \text{cm}^2\cdot\text{d}^{-1}$;$\tau L$ 为曲折因子。

根据 COMSOL 模型模拟需要,对土壤水分特征曲线参数进行拟合,土壤水分特性曲线 $\theta(h)$ 可用 van Genuchten 模型来表示,即

$$\theta(h) = \theta_r + \frac{\theta_s - \theta_r}{(1 + |ah|^n)^m} \tag{2.14}$$

式中,θ_r 为残余土壤体积含水率;θ_s 为饱和土壤体积含水率;a、n、m 分别为土壤水分特征曲线的形状参数,$m = 1 - n^{-1}$,$n > 1$。

根据表 2.7 和土体的基本物理参数,采用 ROSETTA 软件拟合了两种土壤的水力学参数,结果见表 2.7,其中 K_s 为土壤饱和导水率。

表 2.7　土壤水盐运动特性参数

特征参数	θ_s	θ_r	a/cm^{-1}	n	l	$K_s/(\mathrm{cm \cdot d}^{-1})$	τ_L
土	0.3485	0.0321	0.0304	1.3803	0.5	21.86	0.5

在研究渗流时,为了更直观地了解土体中的水流移动,科学家们假设了一种假定水流,即不考虑岩土介质的固体骨架和地下水的实际运动途径,只考虑岩土介质中地下水总的流动方向,但具有实际水流的运动特点(流量、水头、压力、渗透阻力),并连续充满整个含水层空间的一种假象水流,并将其称为渗流。渗流场则假设想水流所占据的空间区域,包括空隙和岩石颗粒所占的全部空间。描述渗流场的运动特征的渗流场运动要素包括水头、水压、流速等。其中,渗流速度指的是通过多孔介质单位过水断面的流量,称为渗流速度,也称为比流量。流线是基于渗流速度得出的曲线,其上任一点的切线方向与流体在该点的速度一致的线。使用流线绘制渗流场可以直观表示水流在土体中的流动形式,是渗流场的重要表示形式。本书选取水头高度、渗流速度和流线作为渗流场特征进行研究,以便分析埋设暗管条件下的渗流场变化特征。

(2)结果与分析

由图 2.20 可得出不同补给水位的流线特征。侧向补给水位为 60 cm 时,离暗管由近到

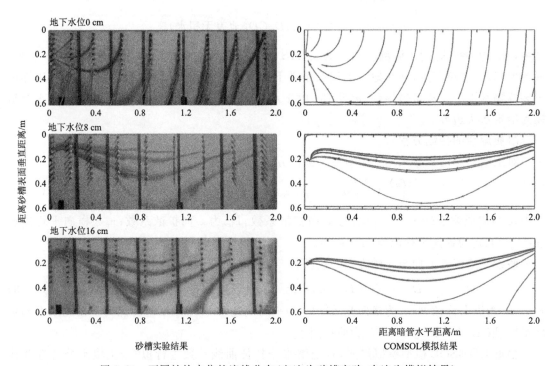

图 2.20　不同补给水位的流线分布(左边为砂槽实验,右边为模拟结果)

远,对应的流线特征为下凸的曲线簇,离暗管越远,地下水流以垂直运动为主,流线近似垂直向下。在淋洗时,水流从地表直接进入土体的渗流场中,沿着地下水渗流路径流出暗管;侧向补给水位为 52 cm 时,流线走向趋于水平,渗流速度也有明显下降。这是由于地下水位与暗管之间的高度减小,直接减少了水流所能获取的能量,使其流速减小。在该水位条件下,淋洗水流先垂直进入地下水中,然后沿着地下水的渗流路径流出暗管。

如图 2.21 所示为埋设暗管前后的土壤压力水头分布。由于埋设了暗管,距离暗管较近的土体,水头明显下降,与地表和距离暗管较远的土体形成了水头差。水头差产生的势能是促使土体中水流排出暗管的重要动力。由于埋设暗管位置与地下水位的位置的差距不同,水头差也不同,从而导致了不同水位条件下,水头分布不同。暗管相对于地下水位的位置越深,水头差越大,水流能获取的势能就越多。此外,从图中可以看出,在暗管相对埋深越深,暗管对土体水头分布的影响范围就越广。

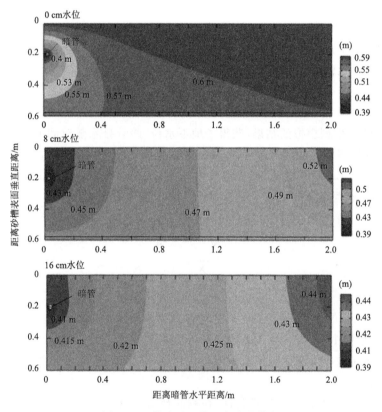

图 2.21　淋洗后土壤压力水头分布

图 2.22 为不同水力条件下的渗流速度对比。在地下水位与暗管相对高度不同时,土体中的渗流路径不同,渗流速度也不同。这是由于地下水位与暗管的距离与高度不同时,所受到的水力边界条件发生了变化,其起到的调控土体渗流场的作用也受到影响。在地下水位处于地表时(淋洗状态),水头边界在地面,水流由地表流向暗管。土体基本处于饱和状态,渗流速度较快,为 2.034 $m^3 \cdot d^{-1}$;而在暗管相对埋深较高时,渗流路径较短,这种现象在距离暗管较近时体现更为突出,说明距离暗管较近的土体更容易受到暗管的影响,改变自身渗流场。

在非淋洗过程中,地下水的相对高度不同,水流流向暗管的路径和速度也不同,而暗管调

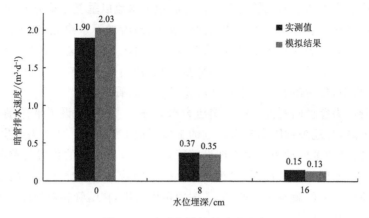

图 2.22　实验与模拟的渗流速度

控土体渗流场的能力也不同。在地下水位高度差不变,地下水位相对暗管高度增加 0.8 cm 时,暗管稳定排水速率从 0.132 m³ · d⁻¹ 增加到了 0.354 m³ · d⁻¹,这主要是因为地下水位相对暗管的高度增加,水流获得了更多的势能,从而增加其渗流速度。在这种情况下,其排水排盐过程也会加快。

(3)模型验证

根据 COMSOL 模型模拟的结果,获得了地下水位、暗管排水随时间的变化趋势以及土壤中盐分的变化情况,将得到的模拟数据同对应的试验实测值相对比,并通过选取均方根误差(Root Mean Square Error,RMSE)和决定系数(Coefficient of Determination,R^2)这两个回归评价指标用于评估模型的模拟精度。评价指标计算公式如下:

$$\text{RMSE} = \sqrt{\frac{\sum_{i=1}^{n}(a_i - b_i)^2}{n}} \tag{2.15}$$

$$R^2 = 1 - \frac{\sum_{i=1}^{n}(a_i - b_i)^2}{\sum_{i=1}^{n}(a_i - \overline{a})^2} \tag{2.16}$$

式中,n 表示数据总量的个数;a_i 表示数据实测值;b_i 表示数据模拟值,$\overline{a}$ 是实测数据的平均值。

在以上两个指标中,RMSE 对于数据中的极值非常敏感,RMSE 越小,说明数据的离散化程度越稳定,R^2 表示数据实测值与模拟值的相关性,R^2 越接近 1,说明模拟精度越高,而建立的模型更具可靠性。

为验证盐分运移—水分运移的耦合性,在侧向补给水箱中加入 1 g · L⁻¹ 的 NaCl 溶液,监测砂槽中 4 个监测位点Ⅳ、Ⅴ、Ⅵ、Ⅶ的盐分变化,并与 COMSOL 模型的计算结果进行对比,结果如图 2.23 所示。

图 2.23 中为地表无积水条件下,侧向补给水位为 60 cm,初始水位为 52 cm 和侧向补给水位为 52 cm,初始水位为 44 cm 时,模型内Ⅱ、Ⅲ号观测点的盐分浓度随时间的变化关系。由图可知,同一个观测点在暗管埋深更大时更早观测到盐分数据。

表 2.8"盐分模拟效果评价指标"显示,观测点的 RMSE 和 R^2 数值均表明砂槽模型和模拟结果基本一致,均表明模型可以较好地模拟该砂槽试验的水分运移与盐分运移的耦合情况,验证了"盐随水来、盐随水去"的规律。

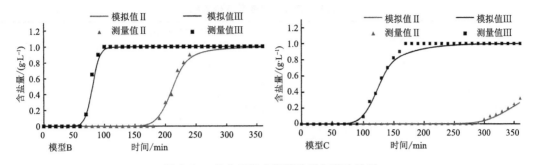

图 2.23　盐分观测点模拟结果与实验结果

表 2.8　盐分模拟效果评价指标

评价指标	Ⅱ—60	Ⅲ—60	Ⅱ—52	Ⅲ—52
RMSE	0.659	0.843	1.006	1.003
R^2	0.742	0.917	0.916	0.931

将实验所得流线照片经过 Core DRAW 软件处理得到流线图,并与模型计算结果进行拟合对比。由于边界效应的影响,只有前 4 条流线为完整流线(图 2.24)。

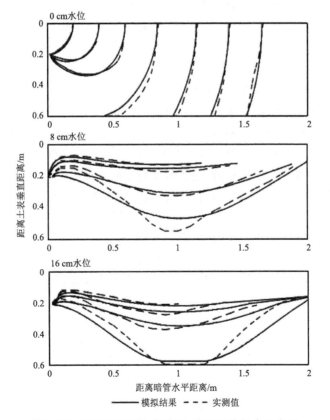

图 2.24　砂槽模型和 COMSOL 模型流线拟合示意图

选取其中 3 条流线进行拟合计算,得到结果如表 2.9 所示。

表 2.9　流线模拟效果评价指标

水位/cm	评价指标	距离暗管的水平距离/m			
		0.2	0.4	0.6	0.8
0	RMSE/m	0.013	0.010	0.020	0.049
	R^2	0.958	0.965	0.920	0.930
8		1	1.25	1.5	1.75
	RMSE/m	0.008	0.010	0.020	0.045
	R^2	0.877	0.739	0.895	0.892
16		1	1.25	1.5	1.75
	RMSE/m	0.059	0.027	0.020	0.149
	R^2	0.860	0.851	0.960	0.822

就距离暗管的水平距离而言,距离暗管越远,拟合程度也相对越差。这一方面是因为随着水流移动时间的增加,其受到所处砂槽环境的干扰越大,导致水流较模拟结果有所偏差;另一方面,流线距离暗管越远,就越接近模型底部边界,受边界效应影响就越大,导致模型无法完全模拟出实际实验的结果。对比不同水位条件下的流线模拟结果,60 cm 的流线模拟最好,拟合程度最高;而 44 cm 的距离暗管较近的流线实验结果与模拟结果拟合程度稍差,可能是因为水流速度下降,而砂土装填并不均匀,在水流流速较低时,水流流速变化不均匀,导致流线拟合程度下降。整体上,模型与砂槽模型的拟合程度较好,R^2 均在 0.8 以上,说明砂槽模型可以较好地模拟土体中的水流流动路径。

2.3.3.3　河北滨海盐碱农田暗管排盐渗流场模拟结论

(1)不同水位高度对暗管排水排盐能力主要体现在改变土体中的水流渗流速度和改变流线路径上。高水位条件下,由于水的势能较中低水位条件下高,所以其渗流速度较快,暗管排盐排水能力较强,而中低水位下渗流速度有明显下降。高水位条件下渗流路径也较中低水位条件下的长。因此,在实际工程应用时,应当合理利用高水位条件,在不造成农田洪涝条件下,适当控制水位高度有助于加快农田快速排水,提高盐碱地淋洗盐分的效率。而中低水位条件下水流渗流速度有较明显变慢,这时应当注意避免农田长期处于淹水状态,需要注意农田防涝。同时,距离暗管较近的农田,由于其渗流路径短,渗流速度快,会造成农田的过度淋洗,容易造成农田养分流失和面源污染。需要注意控制淋洗水量,合理淋洗。在暗管的实际应用中,可以通过优化渗流路径的方式,提高暗管工作效率,改善农田灌排水条件,从而达到滨海水资源高效利用的目的。

(2)由于高水位条件下渗速度快,渗流路径会较中低水位条件下的长。随着水平距离的增加,导致水流由淋洗状态转为排水状态的 45°转折点出现的位置也会降低。这种情况会导致距离暗管近的土体被反复淋洗,而距离暗管远的土体盐分会被淋洗到深层土体中无法有效排出。45°流线出现的位置可能是农田暗管能否有效排出盐分的关键。在淋洗周期内没能排出土体水流携带的盐分,将留在土体中,无法有效排出。

(3)使用砂槽实验结果对 COMSOL 模型结果进行验证,结果表明基于砂槽实验的方法结合 COMSOL 建立的模型研究盐碱地水盐运移机理的方法是可行的。COMSOL 软件对本次砂槽试验建立的模型较为可靠,能够较真实地反映出暗管排水条件下砂槽内土体的水盐运移特征。基于数值模型研究暗管埋设条件下的水盐运移特征具有效率高、成本低、可重复性强的优点,对于优化暗管施工布置格局有着重要的意义。

2.4　大田试验研究

2.4.1　研究方法

2.4.1.1　试验区概况

试验区位于渤海湾的河北省沧州市东部滨海区南大港农场,试验区土地面积 8 hm²,中心坐标为 38°31′48.78″N,117°25′43.15″E,距离渤海海岸线约为 10 km,属华北冲积平原黑龙港流域的最东端,是地势低平的滨海平原,地貌有众多坑塘和洼淀。气候属于温带大陆性季风气候,春季干燥多风,夏季炎热多雨,秋季秋高气爽,冬季寒冷少雪。年平均降雨量 590 mm,其中 75% 集中在雨季(6—9 月),年潜在蒸发量 1950 mm,雨热同季。该区具有典型的季风气候特点,干湿季节分明,土壤水分和盐分在垂直方向的上行与下行、积盐与脱盐过程有鲜明的季节性特点。该区除引黄河水用于饮用及湿地生态需水外,无其他淡水补给,区内地下水矿化度高且地下水埋深浅(0.3~1.2 m),地下水含盐量为 6~10 g·L⁻¹,春季多风期地下水携盐上移,土壤次生盐渍化严重,农作物以耐盐作物棉花为主。试验区耕层土壤渗透系数为 0.33~1.25 m·d⁻¹,深层土壤侧渗系数为 6.00~8.00 m·d⁻¹,这与深层土壤存在大孔隙有关。土质以黏性土为主,局部地区深层土壤出现沙质土。

2.4.1.2　试验设计与取样方法

(1)试验设计

试验为期 2 年,具体设计如下:

①3 月在试验区设计建立暗管排水排盐系统,该系统渗水管采用直径 11 cm 的带孔单壁波纹管,外包 15 cm 厚砂石滤料,设计坡降比 0.7‰,渗水管呈南北向铺设,铺设总长为 1100 m,平均深度 1.3 m,间距 35 m,系统内建设集水池与小型泵站排水,风力发电与柴油发电提供强排水动力。

②土壤水盐运移对暗管控制性排水响应试验,设计暗管排水试验区和东侧 80 m 无暗管埋设对照区,两个区内分别选定具有代表性的 4 m×4 m 的小区,作为暗管排水试验小区(暗管区)与无暗管埋设对照小区(无暗管区),土壤取样与地下水埋深观测均设 5 个重复。小区内分别埋设观测管观测地下水位,观察管为直径 12 cm 的 PVC 管,长 2.0 m,垂直埋入地下,埋入深度 1.8 m,埋入部分打孔及滤布包裹,人工盒尺测量地下潜水埋深;小区内分别埋设 EM50-5TE 水盐温土壤三参数测量系统实时监测 10 cm、20 cm、30 cm 土层水分、盐分与温度变化,在耕层 0~20 cm 增加人工土钻取土样,以 1:5 土水比浸提液 EC 值,用 DDS-307A 电导率仪补充加测土壤盐分。

③考虑到暗管排水试验区盐分分布不均,雨季前后淋盐控制性排水对比试验效果采用土壤网格取样法,采样点间距为 20 m,取样深度为 0~25 cm,全区共布设 167 个点。

(2)取样方法

①地下水位每天观测 1 次,排水过程中加测为每 2 h 1 次。

②水盐温土壤三参数测量系统实时监测设定采样时间间隔为 30 min,耕层 0~20 cm 人工土钻取土频率为 10 d 1 次。

③雨季前后暗管排盐试验区土壤网格采样时间分别为 6 月和 8 月。

④降水数据采用美国 WatchDog2900ET 自动气象站自动记录,设定取样时间为 30 min 1 次,日降水量取 24 h 降水之和。

2.4.2 土壤冻融后期排水的土壤水盐响应

2.4.2.1 地下水埋深响应

春季由于热力作用,土壤冻层消融由冻层上下同时向冻层扩展,此时冻层起了"隔水层"的作用,冻层以上消融的水分形成了"虚假水位",此时冻层以上土壤水主要消耗于地表蒸发。冻层以下消融的水分则下渗补给了地下水,使地下水位回升(张殿发 等,2000)。试验结果显示(图 2.25),消融水补充地下水后抬高地下水位,地下水埋深不足 40 cm,此时 15 mm 的降雨和冻层的共同作用可使地下水埋深达第一峰值 20 cm。暗管排水系统运行后,暗管区地下水位可显著下降 50 cm 以上,使最大地下水埋深可达 80 cm,而无暗管区在蒸发作用下,地下水位缓慢下降,最大埋深仅 50 cm。可以看出,春季冻融后期进行暗管控制性排水,可使土壤冻结水消融引起的地下水上升得到显著控制,地下水埋深显著下降,从而阻滞了土壤盐分上移。

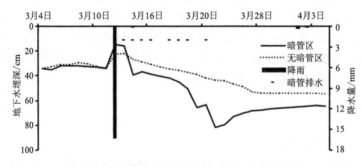

图 2.25　土壤冻融后期排水的地下水埋深变化

2.4.2.2 土壤盐分响应

春季土壤消融期,随着土壤消融水的回渗和蒸发,土壤盐分进行再分配。冻层未完全消融前,冻层上部消融层内土壤水分一部分向上运移消耗于蒸发、带走盐分积聚于表层,一部分下渗,到达 30 cm 未消融冻层滞留,溶解了更多盐分,因此,暗管区和无暗管区土层由上到下 EC 均呈现增加的特点。

土壤冻层完全消融时上下层土壤水通道打通,暗管区因暗管排水作用,土壤水以下行为主,土壤盐分随水的运移到达暗管排出土体,因此,暗管区形成了 30 cm 土层 EC 值较 20 cm、10 cm 两层显著降低的现象,而无暗区区各层土壤 EC 值呈缓慢上升趋势(图 2.26)。

春季土壤冻融后期排水时,土壤含盐量因土壤盐分随水运移到暗管后排出土体得到降低,30 cm 土层 EC 值降低最为显著,这可能是因为 30 cm 土层为土壤最后消融层,土壤完全消融后,形成无障碍水通道,前期集聚在 30 cm 层的水盐在短时间内随暗管排出土体。但土壤水盐运移的影响因素较多,此结论还需要进行更多的试验验证。

2.4.3 雨季控制性排水的土壤水盐响应

雨季控制性排水措施主要是雨季强降雨条件下启用,本节主要分析雨季强降雨后的涝渍危害的减轻、强降雨前后的土壤离子响应以及雨季前后土壤盐分的响应。

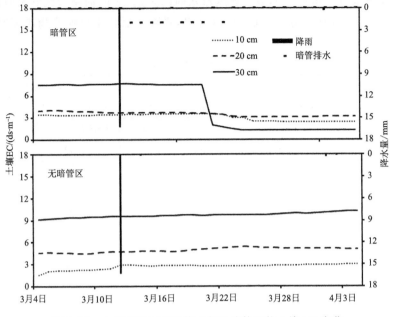

图 2.26　土壤冻融后期暗管区与无暗管区的土壤 EC 变化

2.4.3.1　地下水埋深响应

（1）强降雨后地下水埋深变化

暗管排水降低地下水位，可加大了土壤积蓄淡水库容的能力，减小地表径流及涝害发生的概率（Wiskow et al.，2003）。试验结果显示（图 2.27），强降水（47.4 mm）后自然下渗至 30 cm 埋深，无暗管区需要近一周时间，而暗管区在 1 d 时间内下降了 36.6 cm，地下水埋深脱离 30 cm 的涝害发生水平。

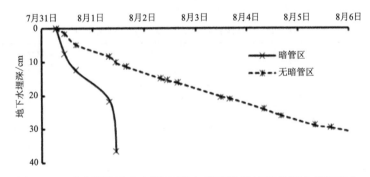

图 2.27　雨季强降雨后暗管区（T）与无暗管区（CK）地下水埋深变化

（2）强降雨后排水减轻涝渍危害

作物淹水时间与淹水深度影响作物的受涝程度，选择 30 cm 深度为临界淹水深度（沈荣开等，1999），对雨季强降雨后暗管排水的防涝效果进行分析。表 2.7 显示了雨季暗管区与无暗管区地下水埋深与淹水对比情况，试验第一年雨季无暗管区区地下水埋深＜30 cm 天数为39 d，其中 7 月 18 日—8 月 21 日连续 34 d 处于淹水状态，暗管区在暗管强排水作用下只有1 次淹水时间 6 d，原因为动力障碍使雨后未及时排水；第二年无暗管区淹水天数 24 d，其中有

3个时间段连续淹水时间超过3 d,最长连续淹水时间长达15 d,而暗管区淹水时间为11 d,其中7月31日—8月6日连续淹水7 d。可以看出,强降雨后排水可使作物涝渍时间降低一半以上。

表 2.10　雨季淹水时间统计表

年份	暗管区		无暗管区	
	日期	天数/d	日期	天数/d
第一年	—		6月25日—6月28日	4
	8月7日—8月12日	6	7月18日—8月21日	34
	其他	6	其他	1
	总和	12	总和	39
第二年	7月31日—8月6日	7	7月27日—8月10日	15
	—		8月13日—8月17日	5
	—		9月26日—9月28日	3
	其他	4	其他	1
	总和	11	总和	24

2.4.3.2　土壤盐分响应

（1）强降雨后土壤盐分含量变化

表 2.11 为 6 月单次强降雨(123.4 mm)前、雨后 2 d、雨后 3 d、雨后 6 d 0～80 cm 土壤盐分含量变化。降水发生后,降水溶解了更多的盐分,使雨后 2 d 盐分含量显著增加,暗管排水后,水携盐通过暗管排出土体,雨后 6 d 0～80 cm 土层盐分含量整体显著降低。而在无暗管区,降水补充地下水抬升地下水位,溶解更多盐分,因此,雨后 3 d 内土壤盐分含量是逐渐增加的,雨后 6 d 在自然下渗的作用下,表层 0～20 cm 内土壤盐分含量有所下降,但依旧高于初始水平,而深层土壤盐分含量在雨后 6 d 内变化不大。

表 2.11　强降雨前后不同深度土壤含盐量变化　　　　单位:g·kg^{-1}

土壤深度/cm	暗管区				无暗管区			
	雨前	雨后 2 d	雨后 3 d	雨后 6 d	雨前	雨后 2 d	雨后 3 d	雨后 6 d
0～10	4.43	4.26	4.18	3.59	2.62	2.67	4.41	3.61
10～20	4.18	4.27	4.56	3.40	3.24	3.22	4.16	3.17
20～50	2.78	3.21	2.82	2.56	3.21	3.22	3.27	3.20
50～80	3.29	3.36	3.26	3.11	3.17	3.27	3.58	3.52

（2）强降雨后土壤盐分离子变化

从摩尔数变化的角度分析土壤盐分离子迁移率的结果为 $Na^+>Cl^->SO_4^{2-}>Mg^{2+}$。降雨发生后,增加的土壤水溶解更多盐分,土壤盐分离子含量增加,暗管区在暗管强排水作用下,盐随水迁出土体,盐分离子含量大幅降低,无管 CK 区土壤盐分离子随下渗水向土壤深层迁移,表层土壤盐分离子含量降低,随后在强蒸发作用下,盐随毛管水重返地表导致土壤盐分在地表的再次累积。暗管区盐分迁出量大且地下水位低,盐分离子上移路径相对长,表层土壤盐分累积量远小于无管 CK 区,在降水发生一周后各离子含量依旧小于降水前,而无管 CK 区在降水一周后迁移率较大的 Na^+ 与 Cl^- 含量已远超过降水前水平。在降水淋盐过程中，受碳酸钙溶度积影响，土壤 $CaCO_3$ 产生部分溶解，相应提高了溶液中 HCO_3^- 与 Ca^{2+} 的含量，而导致暗管区 HCO_3^- 与 Ca^{2+} 含量的增加，呈现负的淋洗率。

(3)雨季土壤脱盐率响应

雨季暗管控制性排水后，通过降低水位后，延长了毛管水上升路径，减少了地下水中盐分因蒸发到达土壤上层的累积，同时降低水位后包气带可容纳更多降水，加强了降水对盐分的淋洗作用及对地下水的淡化作用，可有效抑制土壤次生盐渍化(Skaggs et al.,1994)。由表 2.12 可以看出，雨季过后，暗管区土壤含盐量明显小于无暗管区，雨季期间暗管区土壤平均含盐量为 $2.73\ g\cdot kg^{-1}$，比无暗管区低 $0.94\ g\cdot kg^{-1}$，暗管区在暗管排水与降水淋洗双重作用下土壤脱盐率高达 65.95%，无暗管区仅在降水淋洗作用下，脱盐率为 36.97%，暗管区雨季脱盐率高于无暗管区近 1 倍。

表 2.12　雨季暗管区与无暗管区土壤含盐量与脱盐率

	最高值/(g·kg⁻¹)	最低值/(g·kg⁻¹)	平均值/(g·kg⁻¹)	雨季前[1]/(g·kg⁻¹)	雨季后[2]/(g·kg⁻¹)	脱盐率[3]/%
暗管区	6.77	1.60	2.73	4.72	1.61	65.95
无暗管区	7.17	1.70	3.67	4.44	2.80	36.97

[1]6 月降雨前土壤含盐量均值；[2]9 月土壤含盐量均值；[3]脱盐率=(雨季前土壤含盐量−雨季后土壤含盐量)/雨季前土壤含盐量×100%。

(4)基于盐斑差异的雨季土壤盐渍化面积与含盐量变化

考虑到暗管排水试验区内部盐斑变化的差异性，除暗管区外，对整个试验区雨季前后采用 20 m×20 m 网格取样法取 167 点土样，分析其通过雨季暗管控制性排水与雨季淋洗双重作用对盐斑差异土壤脱盐率变化。

盐渍化土壤的划分标准：土壤含盐量≤1 g·kg⁻¹ 为非盐化、1 g·kg⁻¹<含盐量≤2 g·kg⁻¹ 为轻度盐化土、2 g·kg⁻¹<含盐量≤4 g·kg⁻¹ 为中度盐化土、4 g·kg⁻¹<含盐量≤10 g·kg⁻¹ 为重度盐化土、含盐量>10 g·kg⁻¹ 为盐土，雨季前试验区各类盐斑以中重度盐化土为主，面积超过全区的 85%，经过雨季暗管控制性排水与降水淋洗的双重作用后，试验区土壤以轻度盐化土为主，面积超过全区 70%(表 2.10)。雨季后经过控制性排盐与降雨淋洗，轻度盐化土、中度盐化土、重度盐化土与盐土 4 种土壤的含盐量分别由平均的 1.72 g·kg⁻¹、3.05 g·kg⁻¹、6.73 g·kg⁻¹ 和 15.59 g·kg⁻¹ 降为 1.45 g·kg⁻¹、1.68 g·kg⁻¹、2.02 g·kg⁻¹ 和 2.64 g·kg⁻¹(表 2.13)，脱盐率分别为 15.86%、44.90%、70.05% 和 83.03%，可以看出土壤含盐量基底值越高，脱盐率越大(表 2.13)。

表 2.13　基于盐斑差异的雨季控制性排水前后试验区各类盐渍化土壤含盐量与面积变化

		非盐化土	轻度盐化土	中度盐化土	重度盐化土	盐土
含盐量/(g·kg⁻¹)	雨季前	0.00	1.72	3.05	6.73	15.59
	雨季后[1]	0.00	1.45	1.68	2.02	2.64
脱盐率/%		0.00	15.86	44.90	70.05	83.03
面积/hm²	雨季前	0.00	0.64	3.16	2.52	0.36
	雨季后[2]	0.28	5.00	1.36	0.08	0.00

[1]雨季后 5 种盐渍化土壤的区划位置与雨季前一致；[2]雨季后 5 种盐渍化土壤位置是按照雨季后的含盐量实际情况重新划分的。

2.4.4　非控制性排水期与周年土壤水盐响应

高水位盐碱地暗管控制性排水时期土壤水盐运移发生了明显改变,但这种改变对于非控制性排水期肯定也会产生间接影响效果,甚至这种影响在年周期内也有所体现。

2.4.4.1　非控制性排水期土壤积盐量与返盐率

非控制性排水期包括9月中旬至次年2月下旬的秋冬季(雨季后期至冻土期)和3月中旬至5月下旬的春季(冻融后期至雨季前期)两个时间段。在非控制性排水时期,暗管区与无暗管区的土壤因蒸发、冻融和地下水位变化呈现相同的积盐趋势规律,但两者之间存在一定差别。

从非控制性排水期土壤盐分含量、积盐量与返盐率(积盐量与初始含盐量之比)平均数据可以看出(表 2.14),秋冬季和春季两个非控制性排水期暗管区的土壤初始含盐量和末期含盐量均较无暗管区低,其中秋冬季明显(27%~31%),春季稍差(12%~14%);两个非控制性排水期间因土壤蒸发、冻融和地下水位变化引起的土壤积盐量暗管区均比无暗管区低,其中秋冬季明显(20%),春季不太明显(6%);从返盐率上看,秋冬季和春季暗管区均高于无暗管区(7%~9%),呈现出与含盐量和积盐量相反的规律,说明暗管区通过暗管控制性排水降低土壤盐分含量后,在非控制性排水期易于返盐,但该返盐过程虽然返盐率稍高,其绝对返盐量却仍低于无暗管区。

表 2.14　秋冬季与春季两个非控制性排水期土壤盐分含量、积盐量与返盐率

	雨季后期(9月中旬)/(ds·m⁻¹)	冻土期(2月下旬)/(ds·m⁻¹)	秋冬期积盐量/(ds·m⁻¹)	秋冬期返盐率/%	冻融后期(3月中旬)/(ds·m⁻¹)	雨季前期(5月下旬)/(ds·m⁻¹)	春季积盐量/(ds·m⁻¹)	春季返盐率/%
暗管区	0.49	0.64	0.15	30.6	0.56	1.22	0.69	123.2
无暗管区	0.64	0.81	0.18	28.1	0.64	1.37	0.73	114.1
比率((无暗管区−暗管区)/无暗管区)	23.4	21.0	16.7	−8.9	12.5	10.9	5.5	−8.0

暗管排水可能会造成养分流失等一系列导致生态效益与经济效益下降的问题(Dinnes et al.,2002)。针对这些问题,很多学者提出了暗管排水管理的观念(Skaggs et al.,2012;杨琳等,2013),即根据既定目标设计暗管排水制度,本研究对于非控制性排水期的返盐率的分析研究表明,非控制性排水期是土壤返盐敏感期,因此是否可以考虑在适当的时间点增加暗管排水次数以解决这一问题,是值得进一步研究的内容。

暗管区与无管 CK 区在雨季后期—冻土期、春季冻融后期—雨季前期两个非排水阶段的地下水位无显著差异,接近一致,土壤在此两个阶段均呈积盐,积盐率与暗管排水无相关性,但暗管区土壤盐分含量在此两阶段均低于无管 CK 区。受春季多风强蒸发条件影响,春季冻融后期—雨季前的土壤积盐率远大于雨季后期—冻土期。

2.4.4.2　周年内地下水位与土壤盐分变化

对两年的地下水埋深数据进行滑动平均处理后可以看出(图 2.28),年周期内,总体上暗管区地下水埋深保持大于无暗管区,尤其是雨季暗管控制性排水期间其差别更为明显,可达40 cm 以上,可有效减少涝害发生与控制盐分上升。

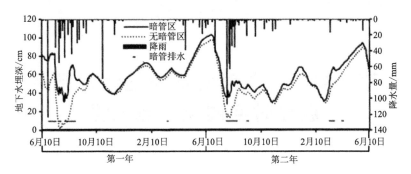

图 2.28　周年内地下水埋深变化

对两年的土壤含盐量变化的分析发现,暗管区两年间土壤盐分含量小于无暗管区的天数大于 410 d,说明即使只进行关键点的暗管控制性排水,但由于其滞后和间接作用,也可使年周期内土壤盐分得到一定程度的下降效果。

由以上分析可以看出,暗管控制性排水可在周年时间尺度上调控地下水位,令暗管区地下水位低于无管 CK 区,有效控制地下水位在作物临界淹水深度以下,雨季效果尤为显著,大大减少涝害发生。在强蒸发与雨季暗管排水淋盐作用下,雨季土壤盐分呈脉冲性波动变化,短期内变化幅度大,其他阶段土壤盐分变化不大,全年呈春季积盐、雨季淋盐的变化趋势。周年内暗管区土壤盐分低于无管 CK 区的平均天数超过 200 d,暗管控制性排水在降低土壤盐分方面也起到一定的作用。

2.4.5　河北滨海盐碱地暗管控制性排水条件下水盐运移规律

(1)高水位盐碱地暗管排水宜选择控制性而非持续性排水,其排水关键点为春季冻融后期和雨季内强降雨发生时。

(2)在关键点进行暗管控制性排水,可使地下水位得到有效合理地控制、土壤盐分含量下降、雨季作物涝渍时间减少。

(3)暗管控制性排水雨季过后,通过降雨淋洗和调制地下水位,可使土壤得到较好的整体脱盐效果,盐斑尺度上土壤盐渍化程度减轻、面积减少。

(4)在非控制性暗管排水时期,暗管埋设区与无暗管埋设区虽均呈积盐状态,但暗管埋设区土壤盐分含量和地下水位均低于无暗管埋设区;年周期内整体上暗管埋设区比无暗管对照区地下水位和土壤盐分含量在平均程度上均有下降。

第3章　河北滨海盐碱地暗管排盐盐分时空调控生态工程

3.1　耕层土壤盐分"上移中淋下控"生态工程技术

3.1.1　上层吸盐作物移盐

"上移"（上层吸盐作物移盐）指在地上种植吸盐植物通过作物秸秆移走土壤中盐分。研究表明，燕麦是营养价值较高的禾谷类吸盐植物，因此，本节阐述了燕麦种植移盐试验研究。

3.1.1.1　材料与方法

（1）燕麦材料

燕麦（*Avena sativa* L.）为一年生草本植物，属禾本科早熟禾亚科燕麦属。燕麦是营养价值极高的禾谷类作物之一，含丰富的蛋白质、脂肪、维生素 B 和葡聚糖等。除具有丰富营养元素外，燕麦还具有抗寒、耐贫瘠和耐盐碱等特性，因此在许多国家被广泛栽培。由于燕麦秸秆中盐分离子含量较高，目前被认为是盐碱地改良的替代作物。但随着土壤盐碱程度的增加，燕麦产量呈递减趋势。武俊英（2010）采用 NaCl 与 Na_2SO_4 进行不同盐分含量盆栽试验，发现 0.2% 盐胁迫可促进燕麦幼苗生长和增强其光合能力。当含盐量小于 0.3% 时燕麦幼苗有一定的耐性；当其含盐量大于 0.3% 时，幼苗生理代谢受到严重的影响；当其含盐量大于 0.5% 时，幼苗光合受阻，生长受到严重抑制。刘建新等（2012）研究认为，土壤在轻度、中度干旱条件下，适量的土壤盐分可提高"定莜 6 号"燕麦植株钠离子，叶片可溶性糖和可溶性蛋白质含量。细胞渗透调节能力增强，植株含水量提高，促进了生物量积累。在过量的盐分或重度干旱条件下，盐分的增加破坏了植株 Na^+、K^+ 的平衡，抑制了叶片碳氮代谢，加重了干旱对植株生长的抑制。尽管研究者对燕麦积累盐分的看法不一，燕麦依然在内陆盐碱地得到广泛栽培，并被认为具有盐碱地改良潜力。然而在较低纬度的滨海盐碱地区，由于后期温度过高，燕麦在这一地区少有种植，关于土壤盐分离子的吸收积累，尤其对盐碱地改良潜力的研究很少。河北滨海区域土壤中盐分离子主要以氯化物为主，Na^+、K^+ 和 Cl^- 占到总盐分的 60% 左右，且随盐分浓度的增加这一比例不断加大。河北滨海盐碱区燕麦适应性以及改良盐碱地潜力的研究对该土壤改良具有重要价值，本课题组在运东近滨海地区的盐碱地上对燕麦秸秆产量、秸秆中主要盐分离子的浓度及秸秆主要盐离子积累量和可移出量进行了研究，探讨燕麦在运东近滨海盐碱地改良中的潜力。

（2）试验设计

试验一：采用单因素完全随机区组设计进行田间试验。试验地 0～30 cm 混匀土壤可溶性全盐含量为 2.0 g·kg^{-1}，土壤养分状况参见表 3.1。选用 3 个燕麦品种"坝莜 1 号"和"花旱 2 号"（河北省张家口农业科学院坝上农业科学研究所提供）以及"白燕 2 号"（辽宁省白城市农业科学院提供)进行小区试验。设 4 次重复,共计 3 品种×4 重复=12 个小区,单个小区面积为 4 m×8 m=32 m²。试验于 5 月 12 日播种,播种量为 225 kg·hm⁻²,行距 25 cm,播前施用底肥磷酸二铵 300 kg·hm⁻²,播种后在苗期和抽穗期进行了 2 次田间除草,整个生育期无灌溉。

表 3.1　试验地土壤基本情况

	盐分等级	全氮/ (g·kg⁻¹)	有机质/ (g·kg⁻¹)	速效磷/ [mg(P₂O₅)·kg⁻¹]	速效钾/ [mg(K₂O)·kg⁻¹]	全盐/ (g·kg⁻¹)	pH
试验一	中盐分	1.3±0.3	23.7±7.6	13.12±1.74	363.04±107.31	2.06±0.11	8.24±0.41
	低盐分	1.5±0.4	24.5±3.7	9.94±4.38	311.40±113.81	1.04±0.25	8.12±0.81
试验二	中盐分	1.3±0.6	23.7±2.0	13.12±1.33	363.04±95.02	2.07±0.10	8.24±0.67
	高盐分	1.0±0.4	18.9±1.0	14.77±0.74	388.60±19.43	3.03±0.15	8.65±0.43

试验二:采用单因素完全随机试验设计进行田间试验,设 3 个土壤盐分梯度:低度(盐分浓度在 1.0 g·kg⁻¹左右)、中度(盐分浓度在 2.0 g·kg⁻¹左右)、高度(盐分浓度在 3.0 g·kg⁻¹左右)。设 4 次重复,共计 3 盐分梯度×4 重复=12 个小区,小区为 4 m×8 m=32 m²。在 10 hm² 试验区根据 5 月初土壤基础盐分数据,按试验设计要求随机选取较合适地块,在大于试验小区的面积上,将 0~30 cm 土壤收集成堆后混匀,然后平铺,划出所需小区后施用底肥磷酸二铵 300 kg·hm⁻²。燕麦品种为"白燕 2 号",于 5 月 12 日播种,播种量为 225 kg·hm⁻²,行距 25 cm,播种后在苗期和抽穗期进行了两次田间除草,整个生育期无灌溉。7 月 25 日成熟期收获。

(3)取样测定与计算

试验一,"花早 2 号"和"白燕 2 号"在成熟期收获,"坝莜 1 号"在开花至灌浆期、成熟期和成熟后 20 d 收获。试验二,在"白燕 2 号"成熟期收获。收获时,在每个小区内随机取 1 m(4 行)×1 m=1 m²样方 3 个。将植株样品分成根、茎、叶和穗,植株样品采用 105 ℃杀青后,70 ℃烘干 24 h 至恒重。分别烘干称重,通过烘干重计算生物量。样品粉碎后过 1 mm 筛,粉碎后于冰箱中 4 ℃保存。在取植株样品的同时,在每个样区中随机取 3 点,每点用土钻取 0~30 cm 土壤样品,风干、混匀后磨碎去除杂质,过 2 mm 孔径筛,备用。

采用灰化法将植株样品灰化,0.1 mol·L⁻¹稀盐酸溶解后定容,采用原子吸收的方法测定 K⁺、Na⁺、Ca²⁺、Mg²⁺含量。植株样品经过沸水浴浸提 30 min 后定容,采用 AgNO₃滴定法测定植株样品中的 Cl⁻含量。土壤当中的 K⁺、Na⁺、Ca²⁺、Mg²⁺和 Cl⁻采用常规化学滴定的方法测定。

(4)数据处理

试验数据采用 Excel 数据软件进行汇总,使用 SPSS 16.0 软件以 LSD 法进行方差分析和 Duncan 法进行多重比较,显著性水平设置为 0.05。

3.1.1.2　结果与分析

(1)不同燕麦品种的生物量

"坝莜 1 号"燕麦开花至灌浆到成熟期整株生物量从 2.9 t·hm⁻²增加至 3.8 t·hm⁻²,延迟收获(成熟后 20 d)后,其整株生物量减少至 2.5 t·hm⁻²。开花至灌浆期的穗生物量显著高于茎和根的生物量(图 3.1a);成熟期的穗生物量与茎生物量无显著差异,两者均显著高于叶和根生物量。延迟收获后根、茎、叶和穗均较成熟期前显著下降,存在不同程度的生物量损失。

中度盐分浓度(盐分浓度为 2.0 g·kg⁻¹)下,3 个燕麦品种的生物量存在显著差异,其中"坝莜 1 号"的整株生物量(3.8 t·hm⁻²)显著高于"白燕 2 号"(3.1 t·hm⁻²)和"花早 2 号"(2.2 t·hm⁻²)。除"坝莜 1 号"穗生物量略有降低外,3 个品种均表现出根、叶、茎和穗生物量在成熟期依次显著上升(图 3.1c)。3 个品种秸秆(茎+叶)生物量占全株生物量的 46%~53%。

"白燕 2 号"成熟期整株生物量在低土壤盐分浓度(盐分浓度为 1.0 g·kg⁻¹)下为 3.1 t·hm⁻²,显著大于中等浓度(盐分浓度为 2.0 g·kg⁻¹)下的 1.7 t·hm² 和高浓度(盐分浓度为 3.0 g·kg⁻¹)下的 0.4 t·hm⁻²(图 3.1b)。低土壤盐分浓度下,"白燕 2 号"的穗生物量显著大于茎、叶和根生物量。而中等土壤盐分浓度下穗、茎和叶生物量无显著差异,但穗生物量在数值上仍然高于茎、叶和根。然而在高浓度下,茎、叶生物量从数值上高于穗和根。

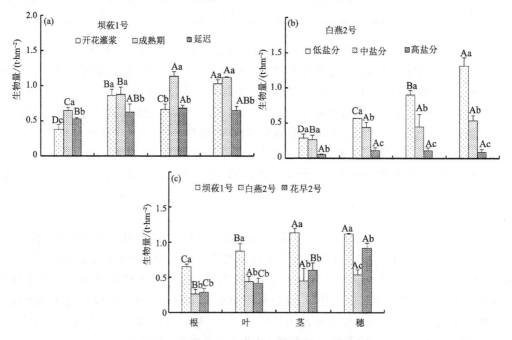

图 3.1 盐碱地种植的不同品种燕麦生物量变化
(a:"坝莜 1 号"不同采样时间各器官生物量;b:不同土壤盐分浓度下"白燕 2 号"各器官的收获期生物量;c:3 个供试燕麦品种不同器官生物量比较)

图 3.1b 中"低盐分"指土壤盐分浓度为 1.0 g·kg⁻¹ 左右,"中盐分"指土壤盐分浓度为 2.0 g·kg⁻¹ 左右,"高盐分"指土壤盐分浓度为 3.0 g·kg⁻¹ 左右;各图中不同大写字母表示同一收获时期不同部位差异显著($P<0.05$),不同小写字母表示植株同一部位不同收获时期间差异显著($P<0.05$),下同。

(2)不同燕麦品种的秸秆离子浓度

中等土壤盐分浓度下,"坝莜 1 号"秸秆中 Na⁺、K⁺ 浓度自开花-灌浆期至成熟期均显著增加,Mg²⁺ 无显著变化,而 Ca²⁺ 和 Cl⁻ 则显著降低。从成熟期到延迟收获期,除 Ca²⁺ 浓度显著升高外,其他离子均显著降低(表 3.2)。"坝莜 1 号"秸秆的 5 个主要离子中,Cl⁻ 浓度最高,其次是 K⁺、Na⁺,而 Mg²⁺ 和 Ca²⁺ 的浓度最低(表 3.2)。

表 3.2　不同土壤盐分浓度下不同品种燕麦秸秆盐分离子含量　　　　单位:g/kg

品种	盐分等级	采样时期	Na$^+$	K$^+$	Mg^{2+}	Ca^{2+}	Cl$^-$
坝莜 1 号	中盐分	开花至灌浆期	18.7±0.14b	16.91±0.46b	1.76±0.04a	0.54±0.02b	36.96±0.76a
	中盐分	成熟期	19.68±0.56aA	20.00±0.58aA	1.73±0.06aA	0.26±0.02cA	31.07±1.12bA
	中盐分	成熟后 20 d	7.89±0.41c	10.16±0.39c	1.15±0.00b	0.91±0.06a	11.52±0.71c
白燕 2 号	低盐分	成熟期	15.07±0.15c	23.94±0.34a	0.97±0.00b	0.36±0.01b	27.73±0.29b
	中盐分	成熟期	19.57±1.97bA	14.43±1.42bB	1.16±0.34bB	0.68±0.47abA	33.92±5.01aA
	高盐分	成熟期	22.29±0.51a	15.81±0.74b	1.91±0.02a	0.85±0.11a	36.32±1.15a
花早 2 号	中盐分	成熟期	17.04±0.36B	19.88±0.6A	1.06±0.01B	0.31±0.02A	28.11±0.54A

不同小写字母表示同一品种不同采样时期(盐分等级)间差异显著($P<0.05$),不同大写字母为成熟期不同品种间差异显著($P<0.05$),下同。

随着土壤盐分升高,"白燕 2 号"秸秆中的 Na$^+$、Mg^{2+}、Ca^{2+} 和 Cl$^-$ 浓度显著升高,而 K$^+$ 呈显著下降趋势,中等土壤盐分与高土壤盐分间差异不显著。

在同一等级土壤盐分浓度下,3 个品种秸秆 Na$^+$、K$^+$ 和 Mg^{2+} 浓度之间存在显著差异,"坝莜 1 号"的 Na$^+$、K$^+$ 和 Mg^{2+} 浓度显著高于"白燕 2 号"和"花早 2 号"(表 3.2)。而 3 个品种 Cl$^-$ 和 Ca^{2+} 浓度无显著性差异。

燕麦秸秆中 Cl$^-$ 的浓度最高,是 Ca^{2+} 的 26~133 倍,Mg^{2+} 的 17~44 倍,K$^+$ 的 1.4~2.7 倍,Na$^+$ 的 1.3~2.1 倍。

(3)不同燕麦品种的秸秆离子积累量

"坝莜 1 号"秸秆中 Na$^+$、K$^+$、Mg^{2+} 和 Cl$^-$ 积累量成熟期最高,除 Cl$^-$ 外,均显著高于开花至灌浆期;而延迟收获后,Na$^+$、K$^+$、Mg^{2+}、Cl$^-$ 积累量均显著低于成熟期和开花至灌浆期。"坝莜 1 号"成熟期 Ca^{2+} 积累显著低于开花至灌浆期和延迟收获期,而以延迟收获期积累量最高。

"白燕 2 号"秸秆中 Na$^+$、K$^+$、Mg^{2+}、Ca^{2+} 和 Cl$^-$ 积累量随土壤盐分升高基本呈显著下降趋势(表 3.3)。其中高土壤盐分浓度下的秸秆 K$^+$ 积累量下降最多,为低土壤盐分浓度下的 10^{-1},Ca^{2+} 积累量为低土壤盐分浓度下的近 3^{-1}。

在相同土壤盐分浓度下,3 个品种燕麦秸秆中除 Ca^{2+} 积累量无显著差异外,Na$^+$、K$^+$、Mg^{2+}、Cl$^-$ 积累量之间均存在显著差异,"坝莜 1 号"秸秆的 Na$^+$、K$^+$、Mg^{2+}、Cl$^-$ 积累量显著高于"白燕 2 号"和"花早 2 号"(表 3.3)。除"白燕 2 号"秸秆 K$^+$ 积累量显著低于"花早 2 号"外,秸秆中 Na$^+$、Mg^{2+}、Ca^{2+}、Cl$^-$ 积累量均无显著差异。

表 3.3　不同土壤盐分浓度下不同品种燕麦秸秆盐分离子积累量　　　　单位:kg/hm^2

品种	盐分等级	采样时期	Na$^+$	K$^+$	Mg^{2+}	Ca^{2+}	Cl$^-$
坝莜 1 号	中盐分	开花至灌浆期	28.66±2.67b	25.92±2.51b	2.69±0.26b	0.83±0.09b	56.64±5.39a
	中盐分	成熟期	39.62±2.11aA	40.26±2.14aA	3.48±0.3aA	0.53±0.06cA	62.52±3.29aA
	中盐分	成熟后 20 d	10.29±0.79c	13.26±1.12c	1.50±0.17c	1.19±0.20a	15.02±1.08b
白燕 2 号	低盐分	成熟期	22.18±1.27a	35.25±2.18a	1.43±0.06a	0.53±0.01ab	40.81±2.37a
	中盐分	成熟期	17.70±5.71aB	13.15±4.41bC	1.03±0.38bB	0.57±0.37aA	30.40±8.75bB
	高盐分	成熟期	5.05±1.76b	3.59±1.27c	0.43±0.15c	0.19±0.07c	8.24±2.89c
花早 2 号	中盐分	成熟期	17.48±2.82B	20.4±3.34B	1.09±0.17B	0.32±0.05A	28.85±4.65B

　　（4）不同燕麦品种的秸秆与土壤离子浓度比

　　"坝莜1号"秸秆离子浓度/土壤离子浓度值，以 $Na^+ + K^+$ 最大，为 $46\sim63$；其次是 Cl^-，为 $30\sim46$；Mg^{2+} 为 $24\sim30$，Ca^{2+} 为 $3\sim15$（图 3.2a）。开花至灌浆期和成熟期之间，其秸秆与土壤中 $Na^+ + K^+$、Cl^-、Mg^{2+} 和 Ca^{2+} 浓度比值无显著差异；但延迟收获后秸秆与土壤的中 $Na^+ + K^+$ 和 Cl^- 浓度比值显著下降，Mg^{2+} 的比值无显著变化，而 Ca^{2+} 的比值显著升高。

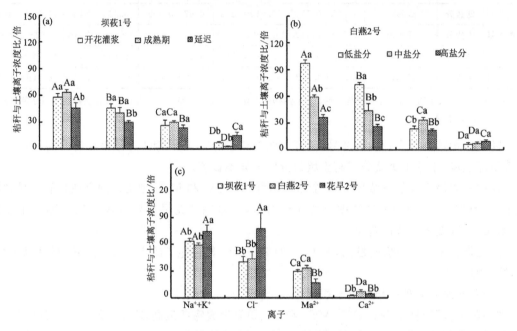

图 3.2　燕麦秸秆离子浓度与土壤离子浓度比

（a："坝莜1号"不同采样时间期秸秆与土壤离子浓度比；b：不同土壤盐分浓度下"白燕2号"
秸秆与土壤离子浓度比；c：3个供试燕麦品种的秸秆与土壤离子浓度比比较）

　　与"坝莜1号"相似，白燕2号在3个盐分梯度下，秸秆离子浓度/土壤离子浓度的值，以 $Na^+ + K^+$ 最大，为 $37\sim98$，其次是 Cl^-，为 $26\sim74$，Mg^{2+} 为 $22\sim34$，Ca^{2+} 为 $7\sim10$（图 3.2b）。随着土壤盐分的升高 $Na^+ + K^+$ 和 Cl^- 的比值显著下降，但 Mg^{2+} 的比值在中等土壤盐分浓度下显著高于低和高土壤盐分浓度。秸秆与土壤 Ca^{2+} 浓度比值在3个土壤盐分梯度下无显著变化。

　　成熟期3个品种秸秆离子浓度/土壤离子浓度的值依然是 $Na^+ + K^+ > Cl^- > Mg^{2+} > Ca^{2+}$。品种之间存在显著差异，"花早2号"在 $Na^+ + K^+$ 和 Cl^- 的比值上显著高于"坝莜1号"和"白燕2号"，而 Mg^{2+} 的比值显著低于"坝莜1号"和"白燕2号"；"白燕2号"的秸秆与土壤的 Ca^{2+} 浓度比值显著高于"坝莜1号"和"花早2号"（图 3.2c）。

3.1.1.3　结论

　　运东近滨海低平原地区种植燕麦可形成一定产量和生物量，不同收获时间会显著影响生物量，成熟后延迟 20 d 收获，植株生物量显著降低。成熟期盐分离子浓度和积累量最高，延迟收获会显著地降低燕麦各部位 Na^+、K^+、Mg^{2+}、Cl^- 浓度和积累量，从而影响了燕麦修复盐碱地的效果。土壤盐分含量会显著影响燕麦植株的生物量和体内离子浓度，随土壤盐分的升高生物量显著降低，Na^+、Mg^{2+}、Ca^{2+}、Cl^- 浓度显著升高而 K^+ 浓度显著降低。尽管植株部分离子浓度升高但秸秆离子积累量显著下降。燕麦改良盐碱地不适宜在高含盐量土壤上进行。3个品种之间在成熟期生物量,秸秆中 Na^+、K^+、Mg^{2+} 浓度之间存在显著差异,导致秸秆对 Na^+、K^+、Mg^{2+}、Cl^- 积累量之间的显著差异,影响了燕麦改良盐碱地的效果。因此,在利用燕麦改良滨海盐碱地时应选择合适品种、较佳收获时间在中轻度盐碱地进行。燕麦秸秆中 Na^+、K^+、Mg^{2+} 和 Cl^- 浓度是土壤中的数十倍,Ca^{2+} 浓度是土壤中的几倍至十几倍,从理论上燕麦具有改良中、轻度土壤盐碱的潜力。

3.1.2　中层不饱和带土壤盐分淋洗

3.1.2.1　室内模拟降雨条件土壤盐分变化特征

根据降雨有效性分析结果确定土壤淋洗盐分所需有效降雨的最小值为 70 mm,在室内用土柱模拟 70 mm 降雨条件下土壤盐分动态变化。

实验用 PVC 圆柱(图 3.3)高 1.3 m,直径 30 cm,圆柱上开口,底座上布满长形小孔以便地下水与土壤水的自由流通,底座放置于 40 cm 直径的上开口圆桶内,圆柱底部放置 10 cm 厚细沙层以防止土壤流失将底座小孔堵塞,距圆柱上口 1.1 m 处开一小口,用于放置暗管,模拟用塑料暗管直径 6 cm,外层包有纱布滤料层,供试土样为南大港暗管排盐试验站原状回填土,土柱高 1 m。

图 3.3　实验用 PVC 圆柱

土壤含盐量用电导率表示,测量仪器为 FJA-10 型土壤盐分传感器。在距实验用圆柱体上开口分别为 20 cm、40 cm、70 cm 处开一小孔用来放置盐分传感器,传感器线由此小孔引出,小孔用塑料塞紧以防止水土由此流出。土柱表面距圆柱体上口 10 cm,故所测土壤含盐量分别为距地表 10 cm、30 cm、60 cm 处土层含盐量。

实验模拟大强度降雨,70 mm 灌溉水在 3 h 内灌溉完毕,结果见图 3.4,在灌溉 2 h 后10 cm 处土层 EC 值已开始下降,但在出现一个盐分下降时间点后一直处于不断上升状态,可能是由于灌溉强度大,灌溉水部分从管壁与土壤结合处下渗而没有对表层土壤起到很好的淋洗作用,由于水流的减少与土壤的阻力,上下重力水势差越来越小,而侧向水势差越来越大,沿管壁下渗水在下层逐渐侧渗入土体,从而对下层土壤有一个较好的淋洗效果。因此,实验初始,30 cm 土层与 60 cm 土层受上层盐分累积的影响,灌溉后 2 h 即出现土壤盐分上升趋势,但在灌溉水不断淋洗的作用下，土壤含盐量很快开始下降。实验进行 70 h 后，10 cm 与 30 cm 处土层 EC 值与灌溉前基本一致，30 cm 处土层承接上层水盐，同时在重力势作用下上层水盐下渗，因此盐分处于相对平衡的状态，整个实验过程土壤 EC 值变化不大；暗管埋设处土水势较小，土壤水盐在势差的作用下，60 cm 土层处水盐向暗管埋设处移动，导致 60 cm 处 EC 值下降很快。可以看出，在灌溉条件下结合暗管排水可以起到较好的土壤盐分淋洗效果，但高强度灌水/降水的水分利用率并不高，同时由于室内土柱与大田实际情况不同，所得到的实验结论并不能很好地反映降雨与暗管结合下土壤水盐的实际运移特征。

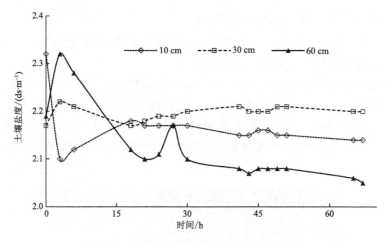

图 3.4　模拟降雨下土壤盐分动态变化趋势

室内模拟降雨实验结果显示不同土壤（0～50 cm）初始含盐量的土柱盐分变化趋势一致（图 3.5），土壤初始含盐量对降水淋盐的影响不大。

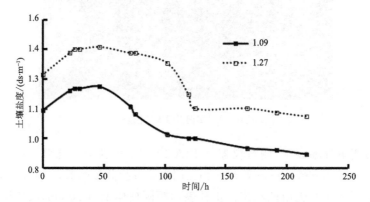

图 3.5　模拟降雨下不同初始值土壤盐分变化趋势

3.1.2.2　暗管处理下土壤盐分变化特征

（1）不同暗管处理下土壤盐分特征

经过为期 2 年的大田试验，暗管埋设区土壤含盐量均下降，而对照区略有升高（图 3.6），4 个暗管埋设处理间没有显著性差异，因此可以将 4 个暗管埋设区土壤盐分作为一个整体来进行分析。

　　雨后对照区水位过高,0~10 cm 土壤含盐量非常高,最高值达到 8 g·kg⁻¹以上;而暗管区在暗管强排作用下地下水位能够迅速下降,从而有效抑制了地下咸水的向上运移,降低了土壤次生盐渍化的风险(图 3.6)。

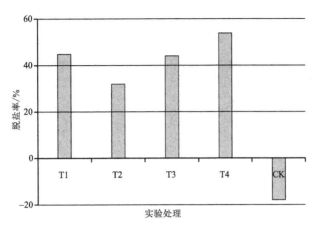

图 3.6　雨季后 5 个试验处理区的脱盐率

(2)暗管埋设下土壤盐分垂向特征

　　由图 3.7 可以看出,试验地降雨 6 d 后,土壤 0~80 cm 土层盐分均有所降低。0~10 cm 土层盐分随时间呈逐渐降低趋势,10~20 cm 与 20~50 cm 土层盐分在降雨后先上升后下降,因为上层土壤盐分淋洗依次累积在这两层,之后盐分继续随水分向下运移,50~80 cm 土层降雨后 3 d 内盐分含量变化不大,在降雨后第 6 d 土壤含盐量显著下降,原因为前 3 d 上层水盐对该层影响不大,6 d 以后,上层的水分携带该层的盐分排出土体。降雨后地下水埋深极浅,在没有外力的作用下,地下水回落速度非常慢,雨后第 3 d 安排暗管强排,地下水位快速下降,在强排后的第 3 d(即雨后 6 d),土壤各层盐分均出现显著下降。由此可以认为暗管强排能够迅速降低地下水位、降低土壤各层盐分含量,使盐分不能积累在某一层,之后又因水分蒸发而返回土壤表层。

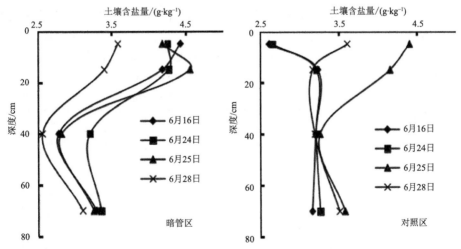

图 3.7　降雨前后土壤各层全盐量变化

图 3.8 显示了试验地雨季前后土壤 4 个层次的土壤含盐量。总的来讲，在降水的持续淋洗作用下，表层土壤（0～20 cm）的土壤含盐量呈现越来越低的趋势。暗管埋设区与对照区 0～10 cm 的盐分极大值出现在 7 月，这可能与 7 月降水频率大、蒸发强烈有关。试验期间暗管埋设区地下水埋深被控制在 60 cm 左右，对照区平均埋深为 40 cm，因此，在暗管埋设区 60 cm 以下与对照区 40 cm 以下土壤含盐量随时间变化不大。

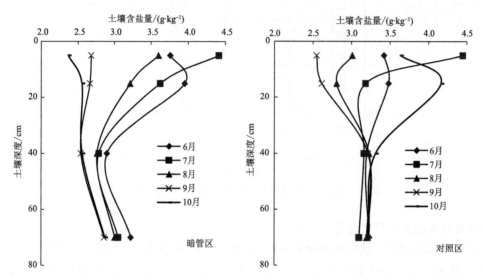

图 3.8　雨季各层土壤含盐量

（3）暗管埋设下土壤盐分离子特征

不同盐分离子的活跃性不同，因此在暗管排水过程中，盐分离子的迁移性质也是不同的。表 3.4 显示试验地单次降雨前后 0～20 cm 土壤盐分离子含量变化，2011 年 6 月 22 日试验区发生 123.4 mm 降水，6 月 24 日启动暗管排水系统，24 d（雨后 2 d）土样测定结果显示除暗管区 HCO_3^- 与 Mg^{2+} 略有增加、对照区 HCO_3^- 与 Mg^{2+} 减少外，无论暗管区还是对照区，其他离子含量较降雨前均呈显著增加趋势；经过 24 日与 25 日的暗管排水，28 d（雨后 6 d）暗管区土壤盐分离子（HCO_3^- 除外）含量显著减少，而经过 4 d 的自然排水，对照区盐分离子变化与暗管区一致，除 HCO_3^- 外，其他离子含量均大幅下降。土壤盐分呈先增后降的原因为：由于降水入渗溶解了表层土壤更多的盐分，从而导致土壤含盐量的增加，在表层形成阶段性"盐峰"，随着水的不断下渗，盐随水运移至土壤下层，表层土壤含盐量降低。

表 3.4　单次降雨前后土壤盐分离子含量　　　　　单位:g·kg⁻¹

处理	日期	HCO_3^-	Cl^-	SO_4^{2-}	Ca^{2+}	Mg^{2+}	Na^+	含盐量
暗管区	雨前	0.26	1.05	0.61	0.08	0.09	0.82	2.90
	雨后 2 d	0.27	1.76	0.72	0.17	0.09	1.22	4.25
	雨后 6 d	0.35	0.89	0.50	0.10	0.08	0.69	2.61
对照区	雨前	0.35	0.82	0.66	0.11	0.13	0.60	2.67
	雨后 2 d	0.29	1.95	1.01	0.18	0.12	1.42	4.97
	雨后 6 d	0.32	1.08	0.59	0.13	0.11	0.79	2.99

　　暗管区与对照区表层土壤盐分对降水入渗的响应是一致的,为验证暗管排水对土壤盐分降低的作用,将雨后 6 d 的土壤盐分与雨前直接作对比,同时用土壤盐分离子淋洗率来表征土壤盐分离子的淋洗效果,土壤盐分离子淋洗率＝(淋洗前盐分离子含量—淋洗后盐分离子含量)/淋洗前盐分离子含量,图 3.9 可以看出,较降雨前,雨后 6 d 暗管区的 Cl^-、Na^+、SO_4^{2-} 淋洗率超过 10%,Mg^{2+} 淋洗率也在 7% 以上,HCO_3^- 与 Ca^{2+} 淋洗率为负值,说明和雨前相比此两种盐分离子含量增加,而且 HCO_3^- 增加率高达 35%。对照区的土壤盐分离子变化与暗管区有显著不同,SO_4^{2-}、Mg^{2+}、Ca^{2+} 变化与暗管区一致,前两者淋洗率均超过 10%,Ca^{2+} 含量有所增加,增加量约为 10%,暗管区淋洗率较高的 Cl^- 与 Na^+ 在对照区中呈负值,说明含量是增加的,HCO_3^- 趋势也与暗管区相异,淋洗率接近 10%。

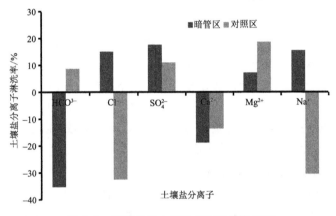

图 3.9　降雨前后土壤盐分离子淋洗情况

　　上述土壤盐分离子的变化可以用盐分离子迁移速率来解释。由于盐分是以离子形态运动的,所以用盐分离子摩尔数变化来表示其迁移速率。图 3.10 显示了雨前与雨后 6 d 各盐分离子摩尔数的变化情况,可以看出暗管区离子迁移速率从大到小依次为:$Na^+ > Cl^- > SO_4^{2-} > Mg^{2+}$,因受碳酸钙的溶度积支配,土壤碳酸钙产生部分溶解,相应提高了溶液中 HCO_3^- 和

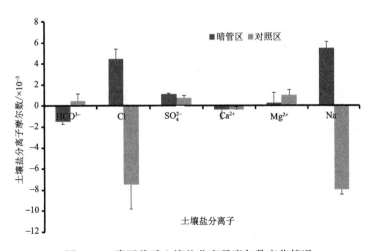

图 3.10　降雨前后土壤盐分离子摩尔数变化情况

Ca^{2+} 的含量(陈巍 等,2000;陈邦本 等,1987)。对照区内由于无暗管强排措施,雨后地下水位下降缓慢,相较于暗管区,地下水上升路径大大缩短,在雨季强蒸发条件下,表层土壤返盐严重,尤其是迁移速率较大的 Na^+ 与 Cl^- 随地下水下移至深处后可很快地随毛管水上升至地表,导致对照区雨后 6 d Na^+ 与 Cl^- 含量较雨前更高,SO_4^{2-} 迁移速率大于 Mg^{2+},因此,其上移量更大,随降水下渗的淋洗量与上移量的差值变小,导致 Mg^{2+} 的摩尔数变化量大于 SO_4^{2-}。

降水发生后,土壤含水量增加,更多盐分离子被溶解,表层土壤会出现一个阶段性"盐峰",随着降水入渗,盐随水下移至土壤深层,"盐峰"下移。在蒸发的作用下,水携盐再次上移至地表,如此完成土壤水盐的再分布。暗管排水可将部分溶解于水中的盐分排出土体,同时通过快速降低地下水位增加毛管水上升路径,有效抑制土壤次生盐渍化。

3.1.3 下层控制地下水位抑制返盐

由于河北滨海盐碱区处于半干旱季风气候区,常常发生盐渍与旱涝。旱季蒸发积盐与雨季淋溶脱盐两种过程交替发生。周年内水盐动态可分为 4 个时期:春季蒸发积盐期、初夏相对稳定/雨季脱盐期、秋季蒸发积盐期与冬季相对稳定期。除了地下水矿化度因素外,地下水埋深是地下水盐能否转变为土壤水盐的决定性条件。地下水矿化是由区域地质地貌条件长期作用而形成的,淡化方法多为淡水灌溉,研究区淡水资源严重亏缺,因此,研究地下水埋深对土壤表层(特别是耕层)积返盐的影响十分重要,是调整暗管埋设参数,制定排水管理方案,实现预定的地下水位,控制返盐水平的重要科学依据。

3.1.3.1 暗管埋设调控水位控制返盐效果

试验区分为 4 个暗管处理区与 2 个对照处理区。暗管处理有 T1(1 m 埋深 20 m 间距)、T2(1.2 m 埋深 30 m 间距)、T3(1.4 m 埋深 40 m 间距)、T4(1.6 m 埋深 50 m 间距)。试验为期 1 年,耕层 0～10 cm 与 10～20 cm 人工土钻取土样,10 d 取样 1 次,每个处理 5 个重复。滴定法测定盐分 8 大离子,离子加和为土壤含盐量。

对不同暗管处理和对照处理的土壤含盐量的统计与方差分析,结果显示全年土壤耕层平均含盐量为 T2<T3<T1<T4,但 T1、T2、T3 与 T4 间并不存在显著性差异。图 3.11 为暗管排水处理与明沟排水对照年际内土壤 0～10 cm、10～20 cm 及 0～20 cm 耕层土壤含盐量的变化情况,暗管处理土壤含盐量值取 T1、T2、T3 与 T4 处理土壤含盐量的平均值。

0～10 cm 和 10～20 cm 土壤耕层间盐分变化趋势与含盐量一致,不存在显著差异,因此可以将 0～20 cm 耕层视为均质整体对待。

从全年平均角度看,暗管处理与对照处理 0～10 cm、10～20 cm、0～20 cm 耕层平均含盐量分别为 2.6 g·kg^{-1}、2.4 g·kg^{-1}、2.5 g·kg^{-1} 与 3.2 g·kg^{-1}、2.9 g·kg^{-1}、3.1 g·kg^{-1},可以看出,无论是耕层上层、下层还是整个耕层,暗管区土壤含盐量均小于对照区;暗管处理土壤含盐量低于对照处理的天数超过 250 d,这从另一方面体现了暗管的排盐效果。暗管处理与对照处理土壤含盐量差异最显著的时段分别出现在冬季冰冻期、冻融期与春季返盐期,此时段 0～20 cm 耕层土壤含盐量较对照平均降低 1.1‰,有利于冬季抵抗盐害,棉花种植与出苗盐分耐受关键期可平均降低土壤含盐量 1.8‰,在春播时有利于作物出苗,保证幼苗安全度过盐分敏感期。2012 年 3 月 19 日左右暗管处理 3 个层次的土壤含盐量均高于对照处理,可能是试验处理内部盐分含量不均一,由于采样误差所致。

与明沟排水对照处理比较,暗管排水可以显著降低土壤耕层(0～20 cm)含盐量。非降水

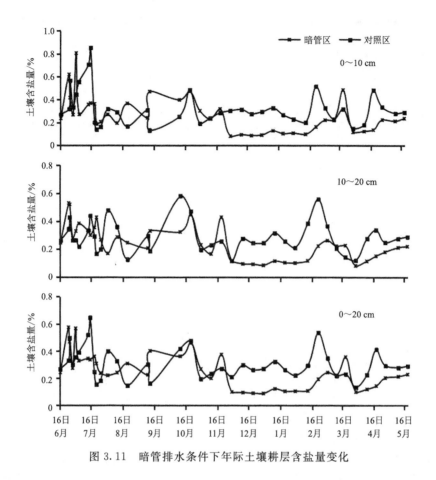

图 3.11　暗管排水条件下年际土壤耕层含盐量变化

集中时段,平均降低 1.1‰,棉花种植与出苗盐分耐受关键期可平均降低土壤含盐量 1.8‰,保障了棉花出苗率与棉花增产稳产。

考虑到经济成本,试验仅在夏季秋季进行了控制性排水,可以看出由于蒸散强烈,自 2012 年 4 月 16 日—5 月 16 日,虽然夏秋季控制性排水使此时段暗管区耕层含盐量低于对照区,但两区域含盐量均有上升趋势,本阶段是春播与作物生长的耐盐敏感期,可以考虑增加该时段控制性排水,降低地下水位抑制返盐,可能会有更好的控盐效果。

3.1.3.2　地下水埋深与土壤含盐量关系

河北近滨海地下水浅埋区的土壤盐分变化主要受地下水埋深与蒸发两方面的影响,经分析,0~10 cm 土层盐分含量与蒸发量呈幂函数关系,相关系数为 0.75,10~20 cm 土层与蒸发量的相关系数为 0.45,深层土壤盐分含量与蒸发量呈弱相关;地下水埋深与土壤各层盐分含量呈二次多项式关系,但相关性较弱。土壤表层盐分含量受蒸发影响较大,深层土壤盐分含量受地下水埋深影响较大,蒸发对土壤含盐量的贡献大于地下水埋深。

各试验小区(T1~T4)地下水埋深与土壤电导值关系如图 3.12 所示。土壤含盐量用 EC 来表示,总体上来讲,埋深与土壤 EC 呈负相关。地下水埋深越深,地下水向地表迁移的路径越长,需要的土壤水吸力越大,返盐程度越小速度越慢。控制好关键时间点的地下水位,可以有效抑制地下咸水上移从而起到改良盐碱地效果。

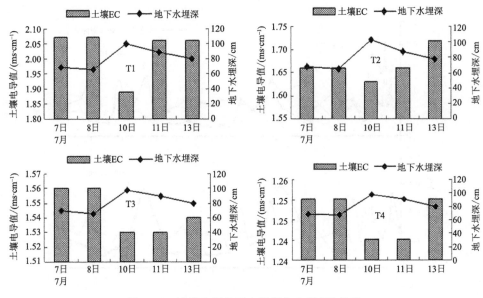

图 3.12　试验小区地下水埋深与土壤 EC 关系

3.2　雨季暗管淋排对土壤盐分的均质化作用

高水位盐碱区的地下水埋深极浅,因此,地下水与地表水交换异常频繁,非饱和土壤层内土壤水水平方向上的空间非均质性直接导致不同空间点处盐分通量的差异,从而引起表层土壤盐分积累与空间分布的非匀质性(Harrington et al.,2006)。土壤盐分的时空变异性与地下水埋深之间的关系在一定程度上反映了土壤耕作层内的盐渍化程度和状态(Douaik et al.,2007),地下水埋深越浅,表层土壤含盐量越高(Nosetto et al.,2013)。土壤水盐分布的空间变异特征可为农田水管理及农业生产管理提供理论支撑,是农业分区精准治理的理论依据。

石元春等(1983)指出,高水位盐碱区盐渍化严重的主要原因是土壤水分蒸发导致的表层土壤盐分累积和高潜水位顶托作用对土壤水盐运动的影响,土壤盐分淋洗需克服蒸发力和顶托力,因此高水位盐碱区治理必须配合水利措施降低地下水位。暗管排水可以降低地下水位,延长毛管水上升路径,从而减少盐分在地表的累积,有效抑制土壤次生盐渍化(Skaggs et al.,1994)。而且,通过排水降低地下水位可增加土壤积蓄淡水库容的能力,从而增加盐分淋洗率。于淑会等(2014)研究表明,在雨季进行暗管排水,可减少连续强降水造成的作物涝渍时间 2/3 以上,雨季后土壤脱盐率提高 1 倍以上,刘永等(2011)也认为,丰水期(7—9 月)地下暗管的脱盐效果较好。

灌溉或降水的淋洗作用及暗管的排水排盐作用会改变土壤水盐固有的运移规律,从而影响土壤水盐的空间分布。有研究表明暗管排水会改变土壤水分的时空分布特征,从而引起土壤盐分时空分布的变化,暗管排水后样点空间自相关距离及空间相关结构的异质性(半方差函数值)都有不同程度的增加,暗管排水引起的小尺度变异增加可能是导致空间相关结构异质性增加的原因(Moustafa et al.,1998)。灌溉对于土壤盐分空间分布的影响在于大幅降低土壤含盐量,从而很大程度上缩小盐碱区面积(Cetin et al.,2012),但由于灌溉量与灌溉时间存在差异,灌溉后土壤盐分变异性强于灌溉前(管孝艳 等,2012)。

河北近滨海高水位盐碱区处于半湿润季风气候带,全年降水集中在雨季(6—9 月),农田尺度上降水均匀且集中,配套有暗管排水系统,雨季将是很好的盐分淋洗时期。与灌溉不同,农田尺度空间点上的降水是均匀下降、缓慢下渗的,针对此特点,我们提出假设:雨淋管排模式可以改变土壤盐分空间分布,并促进土壤盐分空间分布的水平均质性(低盐状态的均质性)。若土壤盐分可实现水平均质性分布,则可进行农业规模化经营,相比农业分区精准治理更为省时省力。为验证此假设,对雨淋管排前后的土壤盐分空间异质性进行了研究,并从土壤脱盐特征及淋排前后不同盐渍化等级变化特点展开暗管淋排下土壤盐分水平均质化特征的研究。

3.2.1　采样设计与方法

研究区地处季风气候区,全年降雨集中在雨季(6—9 月),无其他灌溉水资源,因此,雨季期间才可发生雨淋管排降盐作用,通过对比雨季前后的土壤含盐量情况来分析淋排均质化作用。同时,为了解冬春季土壤返盐对土壤含盐量及其空间分布的影响,于第二年雨季前增加一次采样,采样地点位于南大港管理区的南大港暗管排盐试验基地,面积为 6.8 hm², 网格状均匀布点,间隔为 20 m,全区共布设 167 个点(图 3.13)。土钻取土,取样深度为 0~25 cm,样品用自封袋与铝盒独立封存,送至中国科学院南皮试验站试验室进行室内测定。每个样点用全站仪进行定位,同时获取采样点的相对高程。

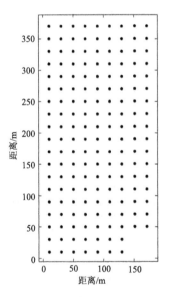

图 3.13　采样点位置图

铝盒内样品用烘干法测定含水量,对自封袋内样品风干、碾碎,过 2 mm 筛,然后以 5 : 1 的水土比进行抽滤浸提进行土壤盐分的测定。滴定法测定土壤盐分离子含量,主要离子有 Na^+、Cl^-、SO_4^{2-}、Mg^{2+}、Ca^{2+}、HCO_3^-,土壤含盐量取离子含量之和。

3.2.2　土壤盐分空间异质性特征

3.2.2.1　土壤盐分的基本统计特征

对雨季淋排前后 167 个土壤样品的含盐量数据进行正态化处理,得到雨季淋排前后土壤盐分的基本统计特征(表 3.5),淋排前土壤含盐量远远高于淋排后,最大值高达 11.90 g·kg⁻¹,

土壤平均含盐量也由淋排前的 4.28 g·kg^{-1} 降至 1.67 g·kg^{-1}。变异系数(CV)反映样点的离散程度,淋排前后土壤含盐量均表现为中等程度变异性(10%≤CV≤100%),但淋排前变异程度强于淋排后,由 48.13% 降为 28.14%,说明了雨淋管排具有降低土壤含盐量空间异质性的作用。

表 3.5　土壤含盐量统计特征值

取样时间	样点数/个	分布类型	最小值/ (g·kg^{-1})	最大值/ (g·kg^{-1})	均值±标准误/ (g·kg^{-1})	变异系数/ %	[2]偏度	[2]峰度	[2]K-S
2012 年 6 月	161	[1]lgN	1.40	11.90	4.28±2.06	48.13	0.28	−0.76	0.749
2012 年 8 月	157	lgN	0.86	3.15	1.67±0.47	28.14	0.32	−0.13	0.565

[1]对数正态分布;[2]正态化处理后的数值。

3.2.2.2　土壤盐分的地统计学特征

土壤特性是一种区域化变量,同时具有地质结构的特性和统计学的随机特性,国内外很多学者将地统计学理论应用于土壤科学进行土壤特性空间变异性规律的研究(White et al.,1997;刘爱利 等,2012)。地统计学主要由数据空间分布的变异函数及其参数与空间局部估计的克里金插值组成。块金值(Nugget)代表随机变异和最小采样间距内的变异,而基台值(Sill)表示变量空间变异的结构性方差,可反映变量变化幅度或系统的总变异程度;块金效应($C_0/(C_0+C)$)表示由随机因素引起的空间变异占系统总变异的比例,可反映变量的空间相关程度,变程表示变量具有自相关性的尺度。

表 3.6 与图 3.14 显示,淋排前后土壤盐分空间分布的块金值均为大于 0 的正值,说明其内部存在着由于采样误差、随机变异等引起的正基底效应,淋排前土壤盐分空间分布的变程为 95.19 m,块金效应接近 75%,表现为偏弱的中等空间自相关程度(25%≤$C_0/(C_0+C)$≤75%),说明淋排前土壤盐分受随机性因素影响较大,变异程度较强,这与基本统计分析的结果是一致的;淋排后土壤盐分空间分布及其特点发生改变,变程仅为 75.26 m,盐分空间分布表现为中等相关性(25%≤$C_0/(C_0+C)$≤75%),盐分空间分布受结构性因素(土壤类型、母质等)与随机性因素(微地形差异等)共同影响。

表 3.6　土壤盐分半方差函数模型参数

采样时间	模型	块金值(C_0)	基台值(C_0+C)	($C_0/(C_0+C)$)/%	变程/m
淋排前	球状	0.051	0.070	72.86	95.19
淋排后	球状	0.041	0.069	59.42	75.60

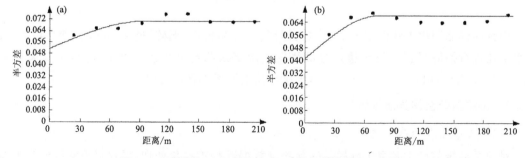

图 3.14　淋排前(a)和淋排后(b)土壤盐分半方差函数模型

上述地统计学特征说明了淋排后土壤含盐量空间分布的结构性增强,受随机因素影响减弱,反映了土壤含盐量空间的均质性变化趋势。

3.2.2.3　土壤盐分空间分布特征

将 VarioWin 分析得到的土壤盐分半方差函数模型参数(表 3.6)输入 ArcGIS 地统计模块进行普通克里金插值得到淋排前后的土壤盐分空间分布图(图 3.15)。可以看出,试验区北部地势较低处土壤含盐量相对较高,淋排前土壤含盐量一般在 $2\sim8$ g·kg^{-1},属中重度盐渍化土,图中盐分分布等级间隔约为 1 g·kg^{-1},说明盐分空间分布异质性较大;淋排后土壤含盐量为 $1\sim2$ g·kg^{-1},属轻度盐渍化土,盐分分布等级间隔约为 0.1 g·kg^{-1},说明盐分空间分布异质性较小,这说明了雨季降水淋洗与暗管排水改变了土壤盐分的空间分布特征,促进土壤盐分分布"高盐异质性—低盐均质性"的转变。

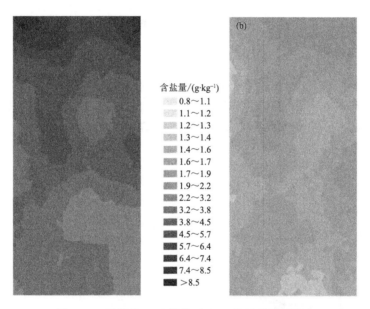

图 3.15　淋排前(a)和淋排后(b)土壤盐分空间分布

3.2.3　土壤盐分均质化演变趋势

对所有样点数据进行雨季暗管淋排前后土壤盐分进行回归分析,两者呈显著相关性(图 3.16),相关性函数曲线为一元二次方程,相关系数为 0.732。因此,可以看出:①不管雨季淋排前土壤含盐量多低,淋排后所有样点平均含盐量均>0.86 g·kg^{-1},说明高水位盐碱地经过暗管淋排完全排盐是不可能的,这可能与高水位的顶托作用有关。②雨季暗管淋排前土壤含盐量<7 g·kg^{-1}的土壤,淋排后土壤含盐量降至 $1.5\sim2.0$ g·kg^{-1},成为轻度盐渍化土壤(图 3.16 中虚线框范围内)。该范围样点数占到总样点数的 79%,说明大多数样点经过雨季暗管淋排后土壤盐分异质性具有均质化的演变特点。③雨季暗管淋排前土壤盐分>7 g·kg^{-1}地区的样点,淋排后土壤含盐量降至 $1.3\sim4.5$ g·kg^{-1},为中度盐渍化土壤,达到了耐盐作物生长的要求。该范围样点数占总数的 21%,说明高含盐量样点经过雨季暗管淋排后土壤盐分异质性具有均质化的趋势,但这种趋势经过高强度的淋排后是否会表现为均质化还有待研究。

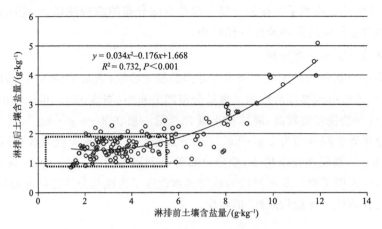

图 3.16　淋排前与淋排后土壤含盐量相关关系

3.2.4　土壤脱盐变化趋势

雨季暗管淋排作用下,高水位盐碱地土壤脱盐量与淋排前土壤含盐量呈显著线性相关(图 3.17),相关系数高达 0.947。初始含盐量越高,其脱盐量越多,因此,较长时间暗管淋排的结果,必然使得土壤含盐量的空间异质性趋向于均质化方向演变。

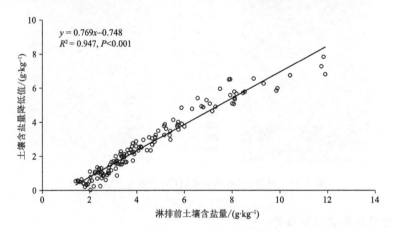

图 3.17　脱盐量与初始含盐量关系

但是,从雨季暗管淋排后土壤脱盐率与淋排前土壤含盐量的关系看(图 3.18),尽管脱盐量随淋排前含盐量增加而增加,但高含盐量土壤由于淋排前含盐量基数较高,在淋排前含盐量 >7 g·kg^{-1} 后,脱盐率呈较平缓的下降趋势。脱盐率最高点约在 7 g·kg^{-1} 处,淋排前土壤含盐量 <7 g·kg^{-1} 的土壤,淋排作用下的脱盐率随初始含盐量的增加而增加;淋排前土壤含盐量 >7 g·kg^{-1} 的土壤,其脱盐率平缓降低,但仍高于土壤含盐量 4 g·kg^{-1} 的土壤,因此提高淋排强度也许会增加脱盐率,这也是值得进一步探讨的问题。

3.2.5　盐碱斑块等级均质化趋势

高水位盐碱地土壤盐分的高强度异质性使得盐碱地农田不同等级盐碱斑块随机分布,这种分布特点经过雨季的暗管淋排作用会发生演变。

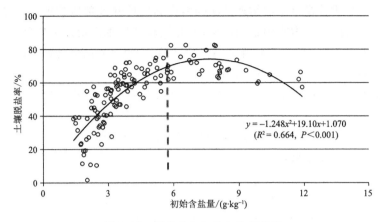

$$y = -1.248x^2 + 19.10x + 1.070$$
$$(R^2 = 0.664, P < 0.001)$$

图 3.18 脱盐率与初始含盐量关系

根据采集的土样化验分析结果(表 3.7),雨季暗管淋排前试验区盐碱斑块以中重度盐化土($2 \text{ g} \cdot \text{kg}^{-1} <$ 含盐量 $< 10 \text{ g} \cdot \text{kg}^{-1}$)为主,面积占试验区的 88%,雨季降水淋洗与暗管排水排盐后,试验区主要土壤类型演变为轻度盐化土($1 \text{ g} \cdot \text{kg}^{-1} <$ 含盐量 $< 2 \text{ g} \cdot \text{kg}^{-1}$),其面积超过了试验区的 75%;淋排前全试验区表层土壤盐分总量高达 109.78 t,其中重度盐渍化土壤含盐量占 57.4%。淋排后全试验区表层土壤盐分总含量降为 42.00 t,其中轻度盐渍化土壤含盐量占到了 65.2%。淋排后全试验区总脱盐量 67.78 t。

表 3.7 不同程度盐渍化区盐分淋洗前后平均含盐量、面积及盐分总量分布

		取样时间	非盐渍化土	轻度盐渍化土	中度盐渍化土	重度盐渍化土	盐土	总和
平均含盐量/$g \cdot kg^{-1}$		淋排前	0.00	1.72	3.05	6.73	11.52	—
		淋排后	0.93	1.52	2.68	4.78	0.00	—
面积	面积/hm^2	淋排前	0.00	0.60	3.24	2.64	0.2	6.68
		淋排后	0.20	5.08	1.32	0.08	0.00	6.68
	面积比例/%	淋排前	0.00	8.98	48.50	39.52	2.99	—
		淋排后	2.99	76.05	19.76	1.20	0.00	—
土壤盐分含量	盐分含量/%	淋排前	0.00	3.67	34.86	63.07	8.18	109.78
		淋排后	0.66	27.40	12.58	1.36	0.00	42.00
	盐分含量比例/%	淋排前	0.00	3.34	31.75	57.45	7.45	—
		淋排后	1.57	65.24	29.95	3.24	0.00	—

3.2.6 旱季土壤盐分异质性影响因素对研究结果的研究

以上的研究结果明确了在高水位盐碱地雨季暗管淋排作用下土壤盐分空间分布的高异质性具有均质化的作用或趋势,该结果对于盐碱地的治理具有积极的意义。

在旱季(非雨季)由于降水少、高水位引起的地下水顶托、土壤蒸发量大等因素共同作用,使土壤盐分极易到达表层土壤形成累积,这种累积持续至雨季前达最高值,因此旱季的返盐过程会极大地抵消雨季暗管淋排对土壤盐分的均质化效应,换言之,雨季淋排均质化效应的维持和保障必须考虑旱季土壤盐分异质性的影响因素。

土壤盐分空间异质性是由土壤物理性状的内在异质性和外部因素的时空变异性引起的，农田尺度采样可以忽略土壤内在因素的影响，因此试验区旱季土壤盐分空间异质性主要受外部因素的影响。参考 Yang 等(2011)和 Cemek 等(2007)的研究结果，试验区旱季对土壤盐分空间异质性的影响主要是土壤含水量和相对高程的耦合作用。

对本试验雨季前取样的土壤含盐量(Y)和土壤含水量(X_1)、相对高程(X_2)做线性回归，得到回归方程：

$$Y = 0.166 X_1 - 2.542 X_2 + 18.885 \tag{3.1}$$

根据线性回归的分析结果，整理或通过公式：

$$P'_i Y = r_{ij} \times P_i Y \tag{3.2}$$

式中，r_{ij} 为 X_i 与 X_j 的相关系数；$P_i Y$ 为 X_j 对 Y 的直接通径系数；$P'_i Y$ 为间接通径系数；$i=1$，2；$j=1,2$，计算得到 Pearson 相关系数、直接通径系数与间接通径系数。Y 的单位为 g/kg，X_1 的单位为％，X_2 的单位为 cm。

综合线性回归和通径分析的结果(表 3.8)一致显示，雨季前土壤含盐量与土壤含水量呈显著正相关，与相对高程呈显著负相关；Pearson 相关性分析的相关系数最高，其次为通径分析的直接通径系数和间接通径系数；土壤含水量与相对高程对土壤含盐量的直接影响作用大于通过另一因子的间接影响。

表 3.8 土壤含盐量与土壤含水量及相对高程的相关关系

变量	Pearson 相关系数	直接通径系数	间接通径系数	
	土壤含盐量(Y)	土壤含盐量(Y)	土壤含水量(X_1)	相对高程(X_2)
土壤含水量(X_1)	0.713**	0.574**	—	0.152**
相对高程(X_2)	−0.668**	−0.461*	−0.189*	—

3.2.7 土壤盐分均质化强化条件

对图 3.17 和图 3.18 的分析结果说明，雨季暗管淋排对土壤盐分空间异质性的演变存在一个 7 g·kg^{-1} 的临界点，小于 7 g·kg^{-1} 的土壤具有明显的均质化作用，大于 7 g·kg^{-1} 的土壤具有均质化的趋势。马凤娇等(2011)计算得到暗管排水排盐条件下大于 50 mm 的降雨可起到淋盐排盐效果，对土壤盐分含量＞7 g·kg^{-1} 的土壤，可以推断出，如具备高强度的降雨频次、灌溉或多年的暗管淋排等条件，暗管淋排对土壤盐分空间异质性的均质化效果会得到强化，进而为盐碱地的治理和利用提供有利条件，但这些强化条件的效果还需要进一步得到试验验证。

此外，地势不平是导致盐分异质性的重要原因，因此，高精度土地平整也是强化土壤盐分均质化的原因。

3.3 微咸水灌溉对土壤盐分的影响与利用模式

3.3.1 微咸水灌溉对土壤盐分的影响

3.3.1.1 试验设计方案

(1)暗管排水系统

试验区内布设有暗管排水排盐系统(图 3.19)，该系统渗水管采用直径 11 cm 的带孔单壁波纹管，外包 15 cm 厚砂石滤料，坡降比 0.7‰，渗水管呈南北向铺设，铺设总长为 1100 m。冬小麦咸水灌溉试验所在区域的暗管埋深为 1.4 m,间距 40 m,系统内建设集水池与小型泵站排水,风力发电与柴油发电提供强排水动力,集水池连接地区排干,最终通过扬水站排入渤海湾。

人为控制暗管排水系统,选择 30 cm 埋深为临界淹水深度,即地下水埋深小于 30 cm 时启动暗管排水系统,24 h 内控制地下水埋深在 100 cm 以下。经统计,2012 年 6 月、7 月、8 月暗管排水天数分别为 5 d、9 d、1 d,2013 年 6 月、7 月、8 月暗管排水天数分布为 25 d、9 d、2 d,这与降雨时间分布有关。

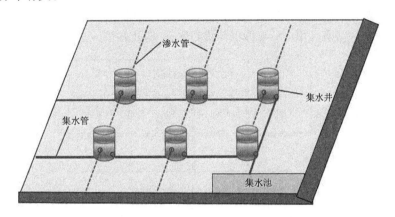

图 3.19　暗管排水排盐系统示意图

(2)灌溉水质

为最大限度地反映当地天然水质状况,所有试验用水均采用试验区内浅层地下咸水和站北 2 km 处自然村内人工挖的无防渗处理的雨水蓄积池淡水。郑春莲等(2010)开展了为期 3 年的咸水灌溉试验,认为黑龙港地区灌溉咸水矿化度不宜超过 4 g • L^{-1},因此,本研究中选择略高于 4 g • L^{-1} 的 6 g • L^{-1} 作为灌溉水矿化度水平之一,同时结合试验地内两处水源的当前状况,增设了 1 g • L^{-1} 与 13 g • L^{-1} 两个水平,即集水池咸水矿化度(13 g • L^{-1})、蓄积雨水矿化度(1 g • L^{-1})及其两者 1:1 配比而成的混合水矿化度(6 g • L^{-1}),以研究淡水灌溉与咸水灌溉对土壤水盐的影响及浅层地下咸水直灌的可能性。灌溉水质组成见表 3.9,可以看出试验区地下水盐分类型为氯化物—硫酸根型。

表 3.9　灌溉水质含盐量及其组成分配　　　　　　　　　　　　单位:g • L^{-1}

年份	处理	HCO$_3^-$	Cl$^-$	SO$_4^{2-}$	Ca^{2+}	Mg^{2+}	Na$^+$	含盐量
2012	1	0.053	0.451	0.147	0.026	0.038	0.283	0.998
	6	0.287	2.795	0.880	0.153	0.227	1.685	6.027
	13	0.589	5.937	1.907	0.332	0.491	3.813	13.069
2013	1	0.048	0.458	0.147	0.026	0.038	0.284	1.001
	6	0.290	2.768	0.889	0.155	0.229	1.717	6.047
	13	0.620	5.930	1.905	0.332	0.491	3.679	12.957

(3)试验设计与采样

黑龙港地区冬小麦需水较多的生育阶段为拔节至抽穗期和抽穗至乳熟期(张和平 等,

1992;毛萌 等,2016),根据气象与土壤条件,4月底5月初的拔节至抽穗期蒸发量远远大于降雨量,土壤较干旱,因此,选择在水胁迫较为严重的拔节至抽穗期进行咸水灌溉处理,2012年灌溉日期为5月12日,2013年灌溉日期为5月15日,每个小区灌溉定额为2方(125 mm)。灌溉前试验小区初始含盐量1.81~1.95 g·kg^{-1},地下水埋深60~80 cm,地下水矿化度5.8~8.2 g·L^{-1}。

试验设4个灌溉水矿化度水平(图3.20),分别为无灌水处理对照(CK)、低矿化度(1 g·L^{-1})、中度矿化度(6 g·L^{-1})和高矿化度(13 g·L^{-1}),为了保证试验结果的可靠性,每个水平设3个重复,共12个处理。试验采用随机区组试验设计,共设12个试验小区,每个小区面积16 m²(4 m×4 m),每个小区起垄且用50 cm深的防渗布隔开,防止侧渗。

重复1	6 g·L⁻¹	1 g·L⁻¹	13 g·L⁻¹	CK
重复2	1 g·L⁻¹	CK	6 g·L⁻¹	13 g·L⁻¹
重复3	13 g·L⁻¹	6 g·L⁻¹	CK	1 g·L⁻¹

图3.20 随机区组试验设计

为研究咸水灌溉后土壤水盐变化及咸水灌溉对土壤积盐的影响,试验为期2年,分别在灌溉前、灌溉后6 d、12 d、18 d、24 d、30 d及雨季后、灌溉处理一周年后通过田间取土方法测定土壤含盐量及其离子组成。取土深度为50 cm,分4层取样,分别为0~10 cm、10~20 cm、20~30 cm、30~50 cm。田间取样工具为土钻(d=4 mm),所取土样用自封袋独立封存后带回试验室测定土壤含盐量。用滴定法测定土壤浸提液中的离子含量:Cl⁻采用硝酸银滴定法,SO₄²⁻、Ca²⁺、Mg²⁺采用EDTA滴定法,HCO₃⁻采用双指示剂—中和滴定法,Na⁺+K⁺采用阴阳离子平衡法,土壤含盐量为以上离子之和。

(4)储盐量计算

储盐量计算公式如下所示:

$$\Delta S_1 = S_p - S_{rf}, R_1 = \Delta S_1/S_p \tag{3.3}$$

$$\Delta S_2 = S_e - S_p, R_2 = \Delta S_2/S_p \tag{3.4}$$

式中,ΔS_1为雨季脱盐量,单位为g;R_1为雨季脱盐率,单位为%;ΔS_2为周年积盐量,单位为g;R_2为周年积盐率,单位为%;S_p为灌溉前土壤盐分含量,单位为g;S_{rf}为雨季暗管淋排后土壤盐分含量,单位为g;S_e为灌溉一周年后土壤盐分含量,单位为g;S_p、S_{rf}、S_e通过公式(3.5)~(3.7)计算求得。

$$S_p = SSP \times W_p \times V \tag{3.5}$$

式中,SSP为灌溉前土壤含盐量,单位为g·kg^{-1};W_p为灌溉前土壤容重,单位为g·cm^{-3};V为土壤容积,单位为cm³。

$$S_{rf} = SS_{rf} \times W_{rf} \times V \tag{3.6}$$

式中,SS_{rf}为雨季后土壤含盐量,单位为g·kg^{-1};W_{rf}为雨季后土壤容重,单位为g·cm^{-3};V为土壤容积,单位为cm³。

$$S_e = SS_e \times W_e \times V \tag{3.7}$$

式中，SS_e 为灌溉一周年后土壤含盐量，单位为 $g \cdot kg^{-1}$；W_e 为灌溉一周年后土壤容重，单位为 $g \cdot cm^{-3}$；V 为土壤容积，单位为 cm^3。

3.3.1.2　土壤水盐动态变化规律研究

图 3.21 显示，咸水灌溉一个月内，咸水灌溉处理小区的土壤含水量均大于 20%，显著高于对照区（$P < 0.001$），1 $g \cdot L^{-1}$ 咸水灌溉小区与 6 $g \cdot L^{-1}$ 咸水灌溉小区之间无显著差异，但两者均高于 13 $g \cdot L^{-1}$ 咸水灌溉小区（$P = 0.0013$）。第一年咸水灌溉处理土壤含水量初始值高于第二年，因此，两次咸水灌溉处理间有显著性差异（$P = 0.02$），第一年土壤含水量始终高于第二年。

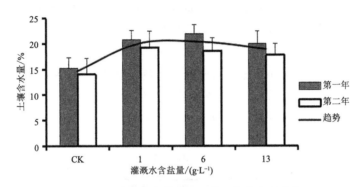

图 3.21　不同咸度水灌溉下的土壤含水量变化

微咸水灌溉在增加土壤墒情的同时，也将灌溉水中盐分带入土壤导致土壤含盐量的显著增加（$P < 0.001$），灌溉咸水矿化度越高，土壤含盐量越高（图 3.22）。咸淡水混灌后，土壤盐分通量的变化主要来自于灌溉水携入盐分（盐分输入）、灌溉水溶解的土壤盐分（盐分输入）及灌溉水淋洗的土壤盐分（盐分输出），盐分输入量大于输出量时，土壤积盐，反之脱盐。图 3.22 可以看出旱季进行咸淡水混灌，土壤含盐量经历 3 个阶段。

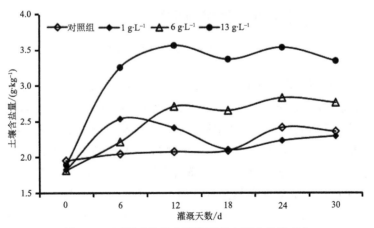

图 3.22　不同矿化度水灌溉下的土壤含盐量变化

（1）积盐阶段。灌溉前土壤含水量较低（12%～14%），咸淡水混灌后，在较强的土壤水吸力作用下，灌溉水溶解更多盐分，此时灌溉水的溶解作用大于淋洗作用，土壤处于积盐状态。灌溉水携入土壤盐分随灌溉水矿化度的增加而增加，因此，13 $g \cdot L^{-1}$ 处理土壤含盐量增加最

显著,增加值约为 1.3 g·kg^{-1};

(2)脱盐阶段。随着湿润锋的不断下移,上层土壤含水量不断增大,灌溉水的淋洗作用逐渐大于溶解作用,此时土壤会出现脱盐现象。入渗矿化度的增加实际上是增加了土壤中的通量浓度,通量浓度的增加抑制了小孔隙中的土壤盐分向大孔隙扩散,降低了盐分淋洗速度(马东豪 等,2006),因此,入渗水矿化度越小,淋洗作用越显著,1 g·L^{-1}处理淋洗率显著高于其他两个处理,且脱盐阶段维持时间最久;

(3)二次积盐阶段。随着土壤含水量的增加与湿润锋的下移,入渗水的溶解作用与淋洗作用逐渐趋于平衡,因此,脱盐阶段完成后,土壤水盐的运移主要受气象因素(降雨与蒸发)影响。两年试验期间,灌水处理一个月时间内,降雨量小($<$20 mm)且分布分散,蒸发作用主导土壤水盐运移,盐分以上移为主,从而导致土壤的二次积盐。

3.3.1.3　土壤水盐的垂直分布特征

咸水灌溉一个月后,0～30 cm 土层内土壤含水量无显著差异,因灌溉水下渗及深层土壤较小的蒸发,30～50 cm 土层土壤含水量略高于 0～30 cm($P<$0.05)(图 3.23)。第一年咸水灌溉处理的土壤含水量显著高于第二年($P<$0.001)。

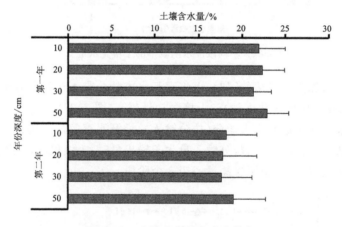

图 3.23　土壤含水量的垂直分布

图 3.24 显示咸淡水混灌后,1 g·L^{-1}处理小区土壤含盐量自上而下呈增加趋势,0～50 cm土壤剖面为脱盐状态,6 g·L^{-1}与 13 g·L^{-1}处理小区 0～50 cm 土壤剖面表现为积盐,土壤含盐量自上而下呈降低趋势。咸淡水混灌后的土壤盐分分布受土壤含水量与灌溉水矿化度交互影响。土壤盐分主要集中在小孔隙中,土壤含水量大,则水盐都从大孔隙溜走,小孔隙的盐分不能被有效淋洗,灌溉水矿化度高,灌溉后土壤盐分通量浓度也高,土壤基质势梯度小,小孔隙盐分扩散受抑制,淋洗效率必然降低。用小于 6 g·L^{-1}咸淡水灌溉,土壤通量浓度增加的抑制作用小于入渗水的淋洗作用,因此,土壤剖面呈脱盐状态,上层土壤盐分随入渗水下移,在下层累积,导致土壤剖面自上而下土壤含盐量的递增;用大于6 g·L^{-1}咸淡水灌溉,土壤通量浓度增加的抑制作用大于入渗水的淋洗作用,土壤小孔隙盐分不能很好地淋洗,同时湿润锋自上而下缓慢下移,上层土壤含水量增加,土壤水盐随土壤大孔隙形成的水通道下移,进一步阻碍土壤小孔隙盐分淋洗,从而导致整个土壤剖面的积盐,0～20 cm 土层积盐最显著。

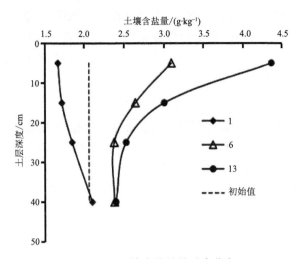

图 3.24 土壤含盐量的垂直分布

3.3.1.4 土壤盐分离子响应

图 3.25 为旱季咸淡混灌后土壤盐分离子的变化量与变化率,可以看出土壤盐分离子对淡水(小于 2 g·L^{-1})(张永波 等,1997)与(微)咸水灌溉的响应是不一致的。微咸水灌溉带入土壤中的盐分与土壤本身化学元素和土壤颗粒将发生相互作用,受碳酸钙溶度积的支配,土壤碳酸钙产生部分溶解,相应提高溶液中 HCO$_3$$^-$ 与 Ca^{2+} 含量(殷仪华 等,1991;吴忠东 等,2005),灌溉水矿化度越低,增加的 HCO$_3$$^-$ 与 Ca^{2+} 含量越多。除此之外,土壤盐分离子的变化量与变化率还受离子本身迁移速率的影响。因 HCO$_3$$^-$ 迁移速率较小,1 g·L^{-1} 水灌溉后增加的 HCO$_3$$^-$ 含量多于淋洗量,导致 1 g·L^{-1} 处理小区的 HCO$_3$$^-$ 出现增加趋势,其他离子均为减少趋势,较为活跃的 Cl$^-$ 与 Na$^+$ 减少量与减少率最大;6 g·L^{-1} 与 13 g·L^{-1} 处理条件下,高矿化度限制了 CaCO$_3$ 向 HCO$_3$$^-$ 的转化,淋洗作用令 HCO$_3$$^-$ 含量低于初始水平,因高矿化度灌溉水带入的盐分离子含量高于土壤初始水平,其他离子含量均呈显著增加,迁移速率较大的 Cl$^-$ 在 6 g·L^{-1} 与 13 g·L^{-1} 处理下增加率基本一致,约为 48%,其次为 Na$^+$,增加率均约为 32%,Ca^{2+}、SO$_4$$^{2-}$ 与 Mg^{2+} 在 6 g·L^{-1} 与 13 g·L^{-1} 两个处理下出现显著差异,表现为 13 g·L^{-1}>6 g·L^{-1},Ca^{2+}>SO$_4$$^{2-}$>Mg^{2+}。

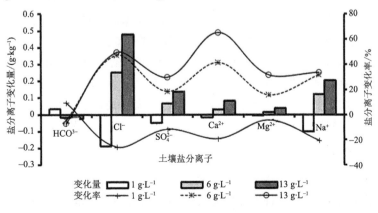

图 3.25 土壤盐分离子对不同咸淡水混灌处理的响应

低矿化度水灌溉,土壤中 HCO_3^- 增加,土壤存在碱化风险,易板结;高矿化度水灌溉,土壤中 Na^+ 增加,而 Na^+ 的增加会引起土壤颗粒收缩,导致土壤孔隙的减少,影响土壤渗透性,而适度土壤盐分浓度的提高可增加电解质,有利于促进土壤颗粒的絮凝,改善土壤结构和通透性,因此,中度矿化度的咸水灌溉是较为适宜的。

3.3.1.5　微咸水灌溉对 50 cm 土体盐分平衡的影响

为分析不同矿化度咸水灌溉条件下雨季暗管淋排的脱盐作用及灌溉后周年内土壤的积盐状态,对 50 cm 土体在雨季后及灌溉周年内的储盐量变化做了计算。表 3.10 可以看出雨季暗管淋排具有明显的脱盐作用,第一年各处理脱盐率为 16.0%~27.4%,第二年降水分布集中,超过 51% 的降水(322 mm)分布在 7 月,加强了盐分的淋洗作用,雨季土壤脱盐率提高至 39.4%~45.7%,说明降水分布类型也是影响雨季暗管淋排条件下土壤脱盐率的主要因子;两年试验结果显示雨季暗管择时移排可消除咸水灌溉引起的土壤积盐,并可降低土壤储盐量。第一年 4 个处理小区土壤储盐量虽有所增加,但咸水灌溉小区的积盐率低于对照区 4.3%~10.5%;第二年 4 个处理小区周年后均表现为脱盐,咸水灌溉处理小区脱盐率高于对照区 6.0%~18.3%。其中,$6 g \cdot L^{-1}$ 处理小区脱盐率最高。

表 3.10　"咸灌雨淋管排"模式下 50 cm 土体盐分平衡

年份	灌溉水矿化度/ $(g \cdot L^{-1})$	灌溉前/ $(t \cdot hm^{-2})$	雨季后/ $(t \cdot hm^{-2})$	灌溉后/ $(t \cdot hm^{-2})$	雨季脱盐量/ $(t \cdot hm^{-2})$	脱盐率/%	周年积盐量/ $(t \cdot hm^{-2})$	周年积盐率/ %
第一年	CK	14.79	12.12	18.70	2.67	18.07	3.91	26.44
	1	15.03	12.26	17.89	2.76	18.39	2.86	19.05
	6	14.88	10.80	17.25	4.08	27.41	2.37	15.92
	13	14.93	12.54	18.23	2.39	16.00	3.30	22.08
第二年	CK	18.70	10.15	18.66	8.55	45.71	−0.04	−0.21
	1	17.89	10.31	16.78	7.58	42.39	−1.11	−6.20
	6	17.25	10.12	14.06	7.13	41.31	−3.19	−18.49
	13	18.23	11.05	15.47	7.18	39.36	−2.76	−15.14

由上分析可以看出,利用雨季暗管择时排水可以有效缓解咸水灌溉造成的土壤积盐,改善咸水灌溉后土壤盐分"一年降二年增"的状况。从两年降水分布类型对土壤盐分淋洗作用的影响来看,后期的雨水/淡水淋洗强度与淋洗频次是影响土壤积盐的重要因素,因此,雨季收集降水适当增加淋洗频次或强度可以加大土壤脱盐力度,进一步保障咸水灌溉条件下的土壤质量。

总体而言,高水位盐碱区"春季咸水/微咸水灌溉-雨季暗管淋洗"降盐效果显著。周年内咸水灌溉区由于土壤渗透性增加的土壤储盐量小于对照区,雨季暗管淋排下旱季 $<13 g \cdot L^{-1}$ 水灌溉不会导致土壤积盐,因此,"雨淋管排"模式可大大提高咸水资源利用率;从土壤脱盐角度来看,$6 g \cdot L^{-1}$ 是最适宜当地的灌溉水矿化度。

3.3.2　咸水资源利用模式集成

3.3.2.1　雨季径流汇收集—微咸水灌溉模式

根据对历年降水量的分析,科学计算并设计建立暗管埋设试验区与强降水径流量大致相匹配的雨季径流汇收集系统,雨季收集的径流储存至第二年春季变为可以直接灌溉的微咸水,以解决可能的严重春旱问题,形成雨季径流汇收集—微咸水灌溉的咸水资源利用模式。计算了 45 年内平均产生的径流量,平均值 173.6 mm,但年际之间的径流量差异很大。径流水中的盐分含量较低一般在 $1\sim 3$ g·L^{-1},将此部分径流收集起来在作物需水期进行回灌是非常好的提高作物产量的方法。利用咸水进行灌溉必须要防止土壤中的盐分积累达到限制作物生长的水平,应控制水盐系统的盐分平衡以及尽量减轻盐分对作物的危害程度。利用咸水灌溉的关键是选择恰当的灌溉方式。目前,咸水的灌溉方式主要有淹灌、沟灌、喷灌和滴灌。淹灌和沟灌耗水量大,喷灌和滴灌则属于节水型灌溉方式。研究结果表明采用滴灌方式进行咸水灌溉比传统的地面灌溉可获得更高的产量,同时大大减少了水资源的消耗。所以,深入研究咸水滴灌对发展节水灌溉和农业高效用水都有十分重要的意义。对微咸水资源既要积极利用,又要更加慎重。长期灌溉微咸水会引起土壤盐分的累积,尤其以表层 $0\sim 5$ cm 最为显著,这对土壤物理化学特性和作物的生长都是有害的。特别是干旱区,由于蒸发强烈,微咸水灌溉方式不当,会使盐分上移到土壤表层,使得表层变成白白的一大片,再加上有恶劣的天气大风来袭,表层的固体的盐土随风转移到其他地方,造成难以想象的二次危害。因此,要重视土壤盐分的调控研究,防止土壤次生盐渍化。根据水、土、作物的情况,在作物需水的关键时刻,采用次数少,定额的灌溉方式为好。注意观察水盐状态,通过采用与淡水轮灌的方法,防止耕作层积盐。目前,咸水灌溉的负面影响人人皆知,但是由于田间实践缺乏有目的有针对性的长期性跟踪研究,加上微咸水溶质运移模型发展的不完善和不深入,使得微咸水灌溉尚缺有效的安全性评价体系。从而增加了微咸水利用的众多后顾之忧。

3.3.2.2　基于雨季淋排的春季(微)咸水安全灌溉模式

在滨海地下水浅埋深区暗管排盐工程的基础上,在小麦抽穗期进行不同浓度的咸水灌溉,研究咸水灌溉对小麦生长发育影响的机理和机制,同时,关注土壤表层盐分变化,形成基于雨季淋排的春季(微)咸水安全灌溉模式,使耕地能够可持续利用。咸水灌溉与非灌溉条件下冬小麦的株高、茎粗、旗叶长、旗叶宽、穗长都未受显著性的影响,由此可知,拔节至抽穗时期的旱胁迫及盐胁迫并未影响冬小麦的农艺性状。咸水灌溉对冬小麦的生物量有一定的影响,试验结果表明,咸水灌溉不只是增加了冬小麦的产量即籽粒生物量,而且,显著性的增加了茎叶生物量,而不同咸水浓度处理之间无显著性的差异,根生物量在 4 个处理之间无显著性的差异,咸水灌溉处理后的冬小麦的总生物量显著性高于非灌溉的最高产量是最低产量的 1.88 倍。因此,在冬小麦拔节至抽穗期,河北滨海盐碱地区的旱胁迫对冬小麦产量的影响比盐胁迫显著。虽然咸水灌溉影响了冬小麦的生物量,但是咸水灌溉及其咸水浓度对冬小麦生物量的分配无显著性的影响,根生物量、茎叶生物量、籽粒生物量的比重在 4 个处理之间无显著性的差异。抽穗期咸水灌溉对冬小麦的亩穗数无显著性的影响,公顷穗数的平均值为 380 万穗·hm^{-2}。非灌溉的冬小麦每穗穗粒数明显低于咸水灌溉的,但是不同浓度咸水灌溉处理之间无显著性的差异,非灌溉处理的冬小麦产量显著性低于咸水灌溉的冬小麦产量,3 种不同浓度的咸水处理之间无显著性的差异。对于冬小麦的产量构成,咸水灌溉增加了冬小麦的千粒重和每穗穗粒数,对亩穗数无显著性的影响,由此说明冬小麦产量的增加是由于千粒重和每穗穗粒数的增加而引起的。

第 4 章　河北滨海盐碱地暗管排盐水资源利用与调控生态工程

4.1　雨季防涝与地下水位调控技术

对于河北滨海盐碱类型区,地下水埋深浅,全年波动于 $40\sim120$ cm,因此,埋设暗管后可以通过调控地下水位实现对水盐运移的调控。同时,河北滨海类型区地下水埋深浅,泄洪能力差,雨季极易形成涝灾,暗管埋设后,可以通过迅速排水调控地下水位而起到非常好的防洪排涝效果。

4.1.1　地下水位调控

4.1.1.1　地下水位调控

实施暗管排水,就是利用透水管的吸水和集水管排水作用,有效地降低地下水位至作物根系适宜的埋深以下,使作物免除渍害;或者通过降低地下水位来有效控制因毛细现象与根系吸水导致的土壤表层返盐问题。因为吸水暗管对地下水位调控能力是能否发挥暗管排水排盐作用的关键因素。吸水暗管对地下水位调控能力体现在暗管排水所能达到最大地下水埋深、将地下水控制到某个深度的历时、地下水埋深下降速度及速率、暗管间距中点水头及排水量等。地下水位调控能力同时与暗管埋设参数(埋深、间距)与土壤渗透性紧密相关。不同暗管埋设方案和不同的排水方式对地下水埋深产生的影响也不同。因此本研究应用大田试验的方法对不同暗管埋深和控制性排水条件下,暗管排水排盐技术对区域地下水埋深的影响进行了分区研究。研究各类试验分区之间地下水埋深、地下水埋深下降速度及速率、地下水埋深上升速度及速率之间的关系。此外由于距离暗管不同,地下水埋深下降幅度和速度也有不同,因此,本研究对同一试验区内距暗管不同距离的地下水埋深变化也进行了研究。

(1)试验设计与处理

地下水埋深观测管埋设方案如图 4.1 所示。

图中的黑色点为地下水观测井的位置,分别在 CK1 和 CK2 区布设一个观测井。在 T1、T2、T3 和 T4 区暗管的中间点位置布设一个观测井,以此观测井为中心,在与暗管垂直的线上每隔 5 m 布设一个观测井,直到两根暗管的中间点。T1 区共布设 5 个观测井,T2 区共布设 7 个观测井,T3 区共布设 9 个观测井,T4 区布设 5 个观测井。其具体布设位置与命名如图 4.1 所示。CK1 区的观测井命名为 CK1,CK2 区的观测井命名为 CK2。T1 区各观测井的命名从左至右分别为 T1.2、T1.1、T1.0、T1.1′ 和 T1.2′;T2 区各观测井的命名从左至右分别为 T2.3、T2.2、T2.1、T2.0、T2.1′、T2.2′、和 T2.3′。T3 区各观测井的命名从左至右分别为 T3.4、T3.3、T3.2、T3.1、T3.0、T3.1′、T3.2′、T3.3′ 和 T3.4′。T4 区各观测井的命名从左至右分别为 T4.5、T4.4、T4.3、T4.2、T4.1 和 T4.0。

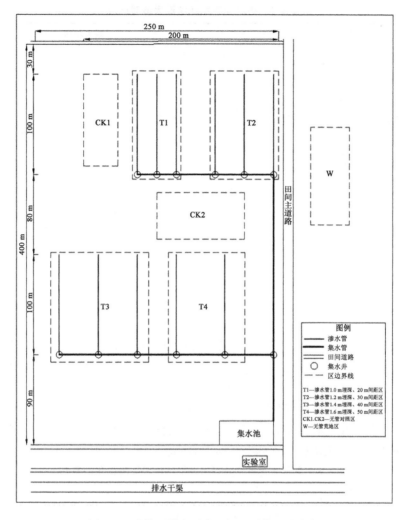

图 4.1 暗管埋设地下水埋深观测管埋设分布

通过埋设地下水观察管测定各处理地下潜水埋深变化数据。观察管为直径 12 cm 的 PCV 管,长 2.0 m,垂直埋入地下,埋入深度 1.8 m,埋入部分打孔及滤布包裹。试验 1 中观测 频率为每小时 1 次。试验 2 观测频率为每天 1 次,人工盒尺测量,遇降水、排水等特定时期,适 当缩短观测间隔到以小时计;根据每个处理面积大小不同,每个处理分别设 3～9 个观测重复, 观测管间隔 5 m。数据分析时,取重复平均值作为该处理潜水埋深。

(2)暗管埋设不同处理最大可调控地下水埋深

对控制性排水后地下水埋深变化进行分析,得出结果为:T2 处理区的地下水埋深最深,可 达 109.1 cm;CK1 处理的地下水埋深最浅,仅为 89.8 cm。各试验区之间地下水最大埋深变 化顺序为 T2>T1>CK2>T3>T4>CK1(表 4.1)。

(3)暗管埋设下排水与不排水地下水埋深差异

①最大埋深比较分析

将 T3、T4 区在有暗管排水和无暗管排水情况下所达到的最大埋深进行对比分析,可以看 出有暗管排水处理比无暗管排水处理的地下水埋深下降深度增加 17 cm 左右(表 4.2)。

表 4.1　各区地下水埋深最大值对比表

处理	最大埋深/cm
T2	109.1
T1	104.7
CK2	104.1
T3	98.1
T4	97.5
CK1	89.8

表 4.2　有无暗管排水处理对地下水埋深下降变化的影响对比

处理	无暗管排水		有暗管排水	
试验区	T3	T4	T3	T4
最大埋深/cm	79.1	80.8	96.0	97.5

②下降时间及速率比较

在相同的排水状况下,分别对 T3、T4 区有暗管排水和无暗管排水两种状况下,地下水埋深下降至最大所需时间及下降速率进行比较分析。结果表明:在无暗管排水状态下,T3、T4 区达到最大深度所需时间为 48 h,下降速率分别为 0.48 cm·h^{-1} 和 0.52 cm·h^{-1};有暗管排水状态下,T3、T4 区达到最大深度所需时间为 26 h,下降速率分别为 1.22 cm·h^{-1} 和 1.26 cm·h^{-1}。有暗管排水情况下,达到最大埋深时间比无暗管排水减少了 22 h,两者的比值为 1:2。下降速率为无暗管排水的 2.5 倍左右(表 4.3)。

表 4.3　有无暗管排水处理对地下水埋深下降变化的影响

处理	无暗管排水		有暗管排水	
试验区	T3	T4	T3	T4
最大埋度/cm	79.1	80.8	96.0	97.5
达到最终埋深离抽水时间/h	48	48	26	26
平均下降速率/(cm·h^{-1})	0.48	0.52	1.22	1.26
平均下降速率/(cm·h^{-1})	11.52	12.48	29.28	30.24

③回升时间及速率比较

将 T3、T4 区在相同的控制性排水条件下,对有暗管排水和无暗管排水两种情景下,达到最大埋深后相同时间内的地下水回升速率进行比较分析。得出结论为:在无暗管排水的情况下,T3、T4 区的回升速率分别为 0.070 cm·h^{-1}、0.074 cm·h^{-1},一天的回升高度为 1.68 cm 和 1.78 cm。在有暗管排水的情况下,T3、T4 区的回升速率分别为 0.204 cm·h^{-1}、0.201 cm·h^{-1},1 d 的回升高度分别为 4.896 cm 和 4.824 cm。有暗管排水的回升速率为无暗管排水埋深回升速率的近 3 倍(表 4.4)。

表 4.4　有无暗管排水处理对地下水埋深回升变化的影响

处理	无暗管排水		有暗管排水	
试验区	T3	T4	T3	T4
最大埋度/cm	79.1	80.8	96.0	97.5
达到最终埋深离抽水时间/h	48	48	26	26
达到最大埋深 100 h 后的埋深/cm	72.1	73.4	75.6	77.4
平均回升速率/(cm·h^{-1})	0.070	0.074	0.204	0.201
平均回升速率/(cm·h^{-1})	1.68	1.776	4.896	4.824

（4）排水对不同处理地下水埋深下降与回升的影响

①各区下降最大埋深、下降时间、下降速率差异

将相同的控制性排水，不同暗管埋设情景下的区域地下水埋深变化进行分析，对各区地下水埋深所达到的最大深度、下降所需时间和下降速率进行比较分析。得出结果为：地下水埋深下降深度最大区与下降速率最大区顺序是一致的，为 T2＞T1＞CK2＞T4＞T3＞CK1。同时下降速率较小区域的下降持续时间较长。T2 区地下水埋深下降速率最大，下降时间最短（表4.5）。

表 4.5　各区地下水埋深下降变化分析

处理	CK1	CK2	T1	T2	T3	T4
最大埋深/cm	76.7	99.8	102.5	103.0	96.0	97.5
初始埋深/cm	63.0	65.0	65.3	63.6	64.3	64.8
距离开始抽水时间/h	30	26	26	24	26	26
下降速率/(cm·h^{-1})	0.46	1.34	1.43	1.64	1.22	1.26
下降速率/(cm·d^{-1})	10.96	32.12	34.34	39.40	29.26	30.18

②不同处理地下水埋深回升时间与速率差异

将不同暗管埋设情景下的区域地下水埋深变化进行分析，对各区地下水埋深自抽水开始后同一时间内不同的回升幅度和回升速率进行比较分析。得出结果为：在距离抽水开始相同的时间，各区的地下水埋深由浅到深的顺序为：CK1＜T3＜T2＜T4＜CK2＜T1，但绝对值相差不大。各区的回升速率从大到小的变化顺序为：T2＞T1＞CK2＞T3＞T4＞CK1，除 CK1 之外，其他处理的回升速率绝对值相差不大（表 4.6）。

表 4.6　各区地下水埋深回升变化分析

处理	CK1	CK2	T1	T2	T3	T4
最大埋深/cm	76.7	99.8	102.5	103.0	96.0	97.5
回升后的地下水埋深/cm	75.3	77.5	77.8	75.8	75.6	77.4
达到最大埋深距离开始抽水时间/h	30	26	26	24	26	26
自达到最大埋深距抽水结束 128 h 的时间间隔/h	98	102	102	104	102	102
回升速率/(cm·h^{-1})	0.014	0.219	0.242	0.262	0.200	0.197
回升速率/(cm·d^{-1})	0.343	5.247	5.812	6.277	4.800	4.729

（5）排水对不同处理暗管周边地下水埋深变化的影响

各区内离暗管远近不同对地下水埋深变化如图 4.2、图 4.3、图 4.4、图 4.5 所示，分析结果为：在 T1、T2、T3、T4 区内，各观测管代表的区域地下水埋深变化情况是相似的，除 T3 区外，其他各区都未出现离暗管越近地下水埋深越深的现象。

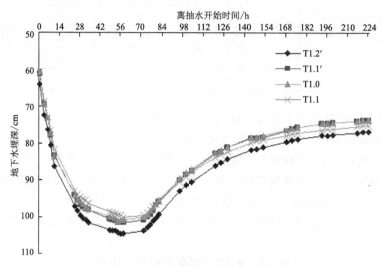

图 4.2　T1 区各观测管地下水埋深变化

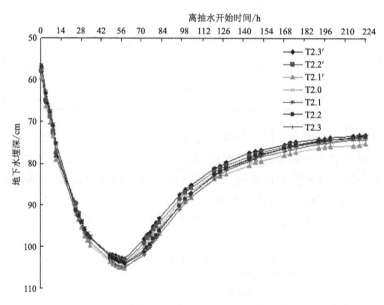

图 4.3　T2 区各观测管地下水埋深变化

（6）排水对不同处理地下水埋深变化的影响

通过对各区平均状况进行分析，得出结论为：在相同的控制性排水状况下，除 CK1 区外，其他各区地下水埋深变化的趋势是相似的（图 4.6）。

（7）小结

地下水最大调控埋深与暗管埋设深度紧密相关，随埋设深度的增加，可调控的地下水埋深

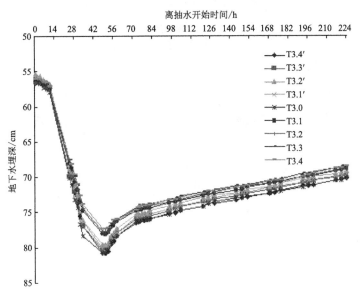

图 4.4　T3 区各观测管地下水埋深变化

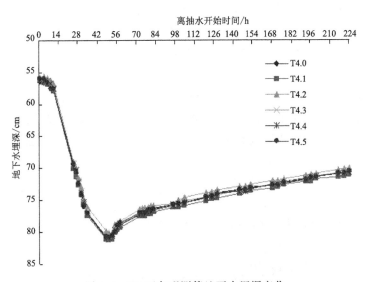

图 4.5　T4 区各观测管地下水埋深变化

也增加;T1 与 T2 处理的埋设深度的影响作用不明显,可能与埋深较浅有关。最大埋深 1 m 左右,完成 1 m 左右埋深强排过程约需要 24 h。

　　暗管排水排盐技术能够有效地控制地下水位,体现增强降水淋洗盐分和降低地下水位抑制返盐的能力,在强排水的条件下,试验区的平均地下水埋深可以很快地控制在 100 cm 左右,适合潜水埋深较浅的河北滨海盐碱区推广应用。

　　地下水埋深下降深度最大区与下降速率最大区顺序是一致的,为 T2>T1>CK2>T4>T3>CK1。同时下降速率较小区域的下降持续时间较长;地下水埋深下降和上升速度,暗管埋设区明显高于未埋设区;强排情况下,在地下水埋深下降速度快的区域,地下水埋深上升速度也较快;T2 区最明显。

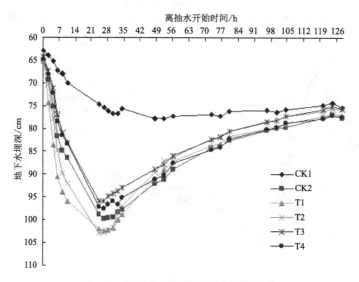

图 4.6   各区各观测管地下水埋深变化

各区地下水埋深变化趋势比较一致;离渗水管越近地下水埋深越大,以 T3 区最好,但是没有表现出明显的一致性,说明地下土层渗透性能差异,大空隙水流造成这种不规律的结果。

4.1.1.2   暗管排水条件下地下水埋深周年变化规律

（1）地下水埋深周年调控效果

通过对比不同处理间地下潜水埋深的变化,分析暗管对地下潜水埋深的影响（图 4.7）。总体来看,受降雨和排水的影响,各处理地下水埋深变化基本趋势一致,地下水埋深在夏季的变化幅度波动很大,而在无排水降雨较少的秋冬季节,地下水埋深变化比较平缓。

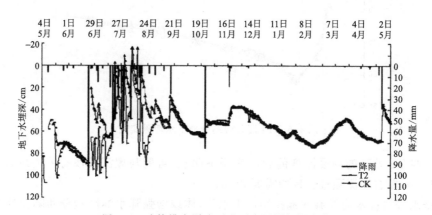

图 4.7   暗管排水影响下地下水埋深年际变化

水位变化幅度暗管 4 个处理明显大于 CK 处理,夏季降雨暗管强排情况下,排水 12 h 后,各暗管处理试验区的地下水埋深由 60 cm 分别降至 80～100 cm,而明沟排水对照 CK1 下降 10 cm。暗管 4 个处理地下水位下降迅速,暗管控制地下水位作用明显强于明沟排水对照 CK 处理,达到了很好地控制地下水埋深的效果。

（2）最小埋深

降雨后出现地表积水时,在 8 月 7 日达到最小埋深,为−9.1 cm,即降雨过后,地下水上升漫过地表。在有降雨而无暗管排水时期,地下水埋深在 11 月 22 日达到最小值 37.5 cm,降雨时期为 11 月 17 日。在无降雨并无暗管排水时期,地下水埋深在 3 月 17 日达到最小 48.6 cm（表 4.7）。

表 4.7　各种情景下的最小埋深情况

不同情境	日期	埋深/cm
夏季降雨后	2011 年 8 月 7 日	−9.1
秋季降雨后	2011 年 11 月 22 日	37.5
春季（长期无雨后）	2012 年 3 月 17 日	48.6

（3）最大埋深

在暗管排水时期达到的最大埋深为 106.9 cm。在暗管不排水的时候,地下水最大埋深达到 73.5 cm（表 4.8）。

表 4.8　不同情景下的最大地下水埋深

各种情景	时间	埋深/cm
暗管排水	5 月 6 日	106.9
无暗管排水	2 月 12 日	73.5

（4）年内地下水埋深持续周期

在最后一次暗管排水,地下水埋深恢复减小到 9 月 4 日的 47.6 cm 之后共 243 d 的时间里,不同地下水埋深的年内分布情况为:35.0～40.0 cm 为 18 d;40.1～50.0 cm 为 35 d;50.1～60.0 cm 为 96 d;60.1～70.0 cm 为 82 d;70.1～73.5 cm 为 12 d。也就是说一年中有一半的天数(178 d),地下水埋深在 50.0～70.0 cm(表 4.9)。

表 4.9　年内地下水不同埋深分布情况

不同情景	地下水埋深/cm	天数/d
暗管排水	106.9	123
无暗管排水	35.0～40.0	18
	40.1～50.0	35
	50.1～60.0	96
	60.1～70.0	82
	70.1～73.5	12

（5）地下水埋深季节变化

自 10 月 23 日最后一场 75 mm 的降雨之后,地下水埋深减小,南大港进行了明沟排水之后,地下水埋深是一个持续增加的趋势,直到在 2 月 12 日达到最大埋深 73.5 cm 后,开始减小。自 2 月 12 日之后,地下水埋深开始减小,直到 3 月 17 日达到最小,此时南大港进行了明沟排水,地下水埋深开始下降,下降至 4 月 24 日,此时降 38.9 mm 的雨,地下水埋深迅速减小,达到 35.0 cm。即雨季结束后,秋季和冬季地下水埋深首先是持续下降,而在春季地下水回升,地下水埋深减小。减小到一定程度后,又开始地下水埋深的增加(图4.7)。

从周年地下水埋深分析,暗管控制地下水位作用明显强于明沟排水对照CK处理,达到了很好地控制地下水埋深的效果。

4.1.2 防涝控涝

图4.8为T2处理与CK处理降水集中期降水、排水与地下水位变动的结果。由图4.8分析可知,以30 cm为涝渍害界限,在强降雨之后,T2处理有12 d涝渍害,而CK处理有40 d。在强降雨(100 cm)之后,T2区的地下水埋深迅速由88.6 cm上升到地表,但通过强排水地下水埋深在两天之内到达60 cm,而在CK处理地下水埋深在15 d后才到达60 cm,由此可知,暗管排水排盐条件下能大大降低作物受涝渍害的影响。

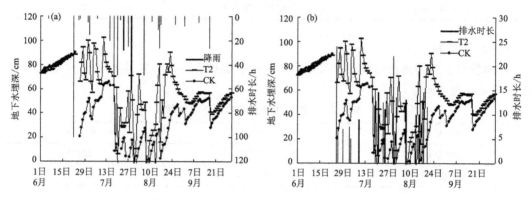

图4.8 有暗管与无暗管排水区降雨形成地表积水后地下水埋深变化对比

核心试验区降雨后抽水,与周边明沟排水区域比较,地表积水能够很快下渗,避免了涝害的发生。暗管排水技术能够在短时间内控制地下水位在一个合理的水平,很好控制地下水埋深,从而起到改良盐碱地的目的。

与明沟排水对照比较,在降水相对集中的雨季,暗管排水可以更好地缓解涝渍灾害。以30 cm为涝渍害界限,在强降雨之后,暗管处理涝渍时间由40 d减少至12 d,减少了70%的涝渍危害。

4.2 微咸水灌溉对冬小麦生长发育的影响

(1)试验设计方案

暗管排水系统与3.3.1.1节中(1)暗管排水系统相同。

(2)灌溉水质

灌溉水质与3.3.1.1节中(1)灌溉水质相同。

(3)试验设计与采样

调查冬小麦的农艺性状,在成熟期测量每个小区随机10株样品的株高、茎粗、旗叶长、旗叶宽和穗长。测量群体密度,并在灌浆期测量每个小区随机10株植株的旗叶和倒三叶的土壤作物分析仪器开发(Soil and Plant Analyzer Development,SPAD)值。成熟期在各小区随机取样1 m²,测定根、茎叶和籽粒鲜重和烘干重,计算产量和生物量。在各小区随机选择40穗小麦考种,考种项目包括每穗穗粒数、千粒重,并计算理论产量。

4.2.1　咸水灌溉对冬小麦叶片 SPAD 的影响

冬小麦叶片 SPAD 反映光合作用的能力,咸水灌溉对冬小麦的光合能力有一定的影响,第一年,咸水灌溉的冬小麦旗叶 SPAD 值及其底三叶 SPAD 略高于非灌溉的冬小麦,而第二年显著高于非灌溉的冬小麦(图 4.9)。由此说明咸水灌溉在一定程度上提高了冬小麦的光合作用。

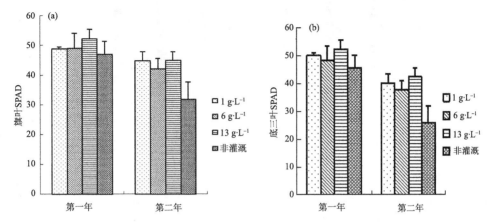

图 4.9　不同矿化度咸水灌溉(a)和非灌溉(b)对冬小麦叶片 SPAD 的影响

4.2.2　咸水灌溉对冬小麦农艺性状的影响

咸水灌溉与非灌溉条件下,第一年及第二年冬小麦的株高、茎粗、旗叶长、旗叶宽、穗长都未受显著性的影响,由此可知,抽穗时期的旱胁迫及盐胁迫并未影响冬小麦的农艺性状。但是,年际间冬小麦的农艺性状表现出显著性的差异(表 4.10)。第一年的株高、茎粗、旗叶长、旗叶宽、穗长的平均值约是第二年的 1.2 倍。

表 4.10　不同矿化度咸水灌溉和非灌溉对冬小麦农艺性状的影响　　　　单位:cm

年份	处理	株高	茎粗	旗叶长	旗叶宽	穗长
第一年	1 g·L^{-1}	57.75	0.475	11.43	1.250	6.575
	6 g·L^{-1}	55.75	0.425	12.23	1.225	6.375
	13 g·L^{-1}	56.25	0.450	12.10	1.275	6.465
	非灌溉	56.00	0.450	12.68	1.350	6.500
第二年	1 g·L^{-1}	48.33	0.397	10.03	1.111	5.733
	6 g·L^{-1}	48.67	0.387	10.57	0.997	5.600
	13 g·L^{-1}	47.33	0.387	9.72	1.026	5.600
	非灌溉	46.33	0.387	10.31	1.140	5.467

4.2.3　咸水灌溉对冬小麦生物量及其分配的影响

咸水灌溉对冬小麦的生物量有一定的影响,咸水灌溉不只是增加了冬小麦的产量,即籽粒生物量,而且,显著增加了茎叶生物量,而不同咸水矿化度处理之间无显著性的差异,根生物量在 4 个处理之间无显著性的差异,咸水灌溉处理后的冬小麦的总生物量显著高于非灌溉的(图4.10),第一年、第二年最高产量分别是最低产量的 1.88 倍、1.57 倍。因此,在冬小麦抽穗期,该盐碱地区的旱胁迫对冬小麦产量的影响比盐胁迫显著。

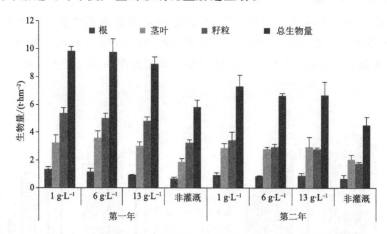

图 4.10 不同矿化度咸水灌溉和非灌溉对冬小麦生物量的影响

虽然咸水灌溉影响了冬小麦的生物量,但是咸水灌溉及其咸水浓度对冬小麦生物量的分配无显著性影响,由图 4.11 可知,根生物量、茎叶生物量、籽粒生物量的比重在 4 个处理之间无显著性差异。但是,两年之间的生物量分配有所不同,第一年冬小麦的籽粒生物量显著性高于第二年,由此可知,第一年的冬小麦的收获指数高于第二年。

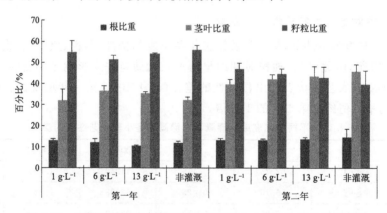

图 4.11 不同矿化度咸水灌溉和非灌溉对冬小麦生物量分配的影响

4.2.4 咸水灌溉对冬小麦产量及其产量构成的影响

抽穗期咸水灌溉对两年冬小麦的公顷穗数无显著性的影响,但是年际间的公顷穗数有显著性的差异(表 4.11),第一年、第二年的公顷穗数的平均值分别为 380 万穗·hm^{-2}、317 万穗·hm^{-1}。第一年、第二年非灌溉的冬小麦每穗穗粒数明显低于咸水灌溉的,但是不同浓度咸水灌溉处理之间无显著性差异,同时,年际间的每穗穗粒数具有显著性的差异。第一年、第二年冬小麦的千粒重非灌溉与 3 个咸水灌溉处理之间存在显著性的差异,而 3 个不同浓度的咸水灌溉处理之间无显著性的差异,年际间的千粒重也无显著性的差异(表 4.11)。非灌溉处理的冬小麦产量显著性低于咸水灌溉的冬小麦产量,3 种不同浓度的咸水处理之间无显著性的差异,但是,年际间冬小麦的产量存在显著性的差异(表 4.11)。对于冬小麦的产量构成,咸水灌溉增加了冬小麦的千粒重和每穗穗粒数,对公顷穗数无显著性的影响,由此说明冬小麦产量的增加是由于千粒重和每穗穗粒数的增加而引起的。

表 4.11 不同矿化度咸水灌溉和非灌溉对冬小麦产量及其产量构成的影响

年份	处理	穗数/(万穗·hm⁻²)	穗粒数/(粒·穗⁻¹)	千粒重/g	籽粒产量/(kg·hm⁻²)
第一年	1 g·L⁻¹	377.7±8.7aA	33.33±1.41aA	46.22±1.89aA	5746.8±410.9aA
	6 g·L⁻¹	378.5±10.8aA	32.25±2.10aA	43.32±1.42aA	5285.4±375.4aA
	13 g·L⁻¹	384.7±10.7aA	31.58±2.89aA	43.51±2.80aA	5099.1±293.9aA
	非灌溉	378.8±6.6aA	23.69±1.08bA	38.55±0.83bA	3452.7±206.3bA
第二年	1 g·L⁻¹	318.7±20.0aB	21.18±1.34aB	42.18±2.50aB	2863.0±469.1aB
	6 g·L⁻¹	317.3±9.4aB	19.87±0.90aB	39.12±0.69aB	2468.3±182.8aB
	13 g·L⁻¹	314.7±8.1aB	19.05±0.91aB	39.14±3.19aB	2338.8±59.4aB
	非灌溉	317.7±7.0aB	14.87±0.50bB	31.85±2.13bA	1501.4±74.6aB

两年的咸水灌溉都增加了冬小麦的产量,第一年高浓度的咸水(13 g·L⁻¹)灌溉并没有使第二年冬小麦产量减产,虽然第二年的冬小麦的产量总体上低于第一年冬小麦的产量,产生这样的结果不是由于咸水灌溉引起的,因为两年咸水灌溉后的冬小麦产量与不灌溉的相比具有相同的趋势,即咸水灌溉增加了冬小麦的产量并且咸水浓度对冬小麦的产量没有显著性的影响。

抽穗期咸水灌溉不仅增加了冬小麦的产量,而且增加了冬小麦的茎叶生物量,因此,冬小麦的总生物量有所提高。对于冬小麦的产量构成,咸水灌溉增加了冬小麦的千粒重和每穗穗粒数,而对公顷穗数无显著性的影响,由此说明冬小麦产量的增加是由于千粒重和每穗穗粒数的增加而引起的。抽穗期进行咸水灌溉对冬小麦的农艺性状没有显著性的影响。抽穗期咸水灌溉有助于提高冬小麦的叶绿素含量,增加光合作用能力,进而增加冬小麦的生物量。由于第一年降雨分配与第二年的不同,致使两年的生物量、产量、农艺性状有所不同(见表 4.11)。因此,咸水灌溉虽然在一定程度上能够增加冬小麦的产量,但是当年的降雨分配对其增加效果有一定的影响。

4.3 基于暗管排盐的浅层轻度咸水农田灌溉安全利用

4.3.1 基于暗管排盐的浅层轻度咸水农田灌溉安全利用评估

浅层咸水资源利用与微咸水安全灌溉调控技术和微咸水灌溉对冬小麦生长发育的影响指出:①河北滨海浅层轻度咸水(6 g·L⁻¹)在冬小麦拔节至抽穗期进行一次40 m³的灌溉,产量能够达到旱作冬小麦的 1.5 倍以上,增产效果明显。②基于暗管排水排盐工程、在雨季保持多年平均降雨量条件下,轻度咸水冬小麦农田灌溉不会造成土壤耕层盐分积累,且土壤盐渍化程度逐年减轻。由以上结果可知,基于暗管排盐实现了轻度咸水资源农田灌溉安全利用。

4.3.2 基于暗管排盐的浅层轻度咸水农田灌溉安全利用前景

4.3.2.1 数据来源及处理

1)政府统计年鉴或公报

沧州市冬小麦和玉米播种面积数据来源于沧州统计年鉴,河北省耕地有效灌溉面积数据来源于河北统计年鉴,河北省农业用水量以及河北省主要供水源数据来源于河北省水资源公报。以上数据利用 Excel 分析做图。沧州市浅层地下水埋深数据来源于河北省水资源公报。

2)研究数据处理

①沧州市浅层地下水矿化度

沧州市浅层地下水矿化度数据来源于郜洪强等(2010)关于河北平原地下咸水资源利用的效应分析研究,结合沧州市浅层地下水埋深数据,利用 ArcGIS 软件进行矢量化,得到沧州市浅层地下水不同矿化度的水资源空间分布图。

②沧州市冬小麦灌溉缺水量估算

根据河北省 2014—2020 年耕地平均有效灌溉面积和年均农田用水量,估算得到河北省每公顷农田用水量为 2581 m³。假设农田用水量仅用于冬小麦灌溉,利用河北省每公顷农田用水量数据,根据沧州市冬小麦的平均种植面积(373928 hm²),估算得出冬小麦灌溉用水量为 9.65×10^8 m³。冬小麦从稳产且增效的角度看,灌溉定额为 200~250 mm 限水灌溉方案表现最佳(丁蓓蓓 等,2021),那么冬小麦至少需要灌溉量为 11.2×10^8 m³,最多需要灌溉量为 14.0×10^8 m³,理论上沧州市冬小麦灌溉缺水量至少为 1.7×10^8 m³,最多为 4.5×10^8 m³。

4.3.2.2　沧州市微咸水/咸水资源利用潜力大

沧州市浅层地下水资源很丰富,除沧州西部极少的空间分布浅层地下水埋深大于 10 m,其余浅层地下水埋深都小于 10 m。浅层地下水基本都是微咸水和咸水,仅靠近滨海的区域矿化度>5 g·L^{-1}(图 4.12)。浅层水埋深小于 5 m 的含水层厚度约 7 m,5~10 m 的含水层厚度约 3 m(郜洪强 等,2010),>10 m 的浅层地下水由于灌溉利用条件限制,本研究不考虑。根据浅层地下水埋深、矿化度空间分布,结合其含水层厚度评估,沧州市浅层地下水总计 623.33×10^8 m³,其中淡水资源 2.89×10^8 m³,1~5 g·L^{-1} 的微/轻度咸水资源 455.68×10^8 m³(1~2 g·L^{-1} 的微咸水 27.83×10^8 m³,2~3 g·L^{-1} 的微咸水 337.47×10^8 m³,3~5 g·L^{-1} 的咸水 90.38×10^8 m³),>5 g·L^{-1} 的轻度咸水/咸水 164.76×10^8 m³。

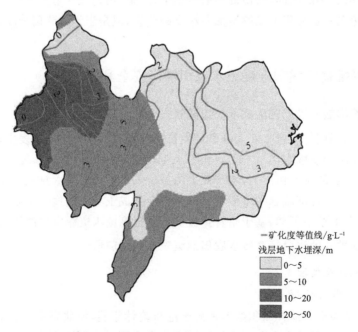

图 4.12　沧州市浅层地下水埋深及矿化度

河北省 2014—2020 年的平均用水量为 184.07 亿 m³,供水源主要来源于地下水和地表水,地下水和地表水供水占比在 90% 以上。其他水源供水占比很少,在其他水源中的微咸水平均供水量仅有 0.88 亿 m³(图 4.13)。综上所述,河北滨海浅层微/咸水资源具有很大的开发利用潜力。

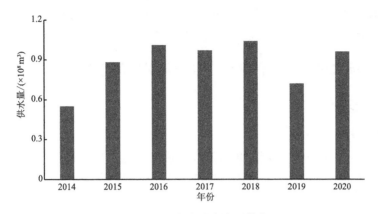

图 4.13　河北省微咸水资源供水量

4.3.2.3　轻度咸水灌溉资源适度满足冬小麦灌溉用水亏缺

沧州市保持现有冬小麦播种面积不变的情况下,从微咸水/咸水资源量的角度来看,微咸水/轻度咸水能够完全弥补冬小麦灌溉的亏缺水量(保证冬小麦稳产且增效至少还亏缺 1.7×10^8 m³,最多亏缺 4.5×10^8 m³)。考虑到浅层微/咸水利用的方便以及实际可取性,咸水灌溉只能就地取用,结合浅层地下水矿化度空间分布(图 4.12),在沧州东部有部分地区浅层地下水矿化度>6 g·L^{-1},根据本研究的轻度咸水灌溉试验结果,该部分地区还不能够利用轻度咸水灌溉资源满足冬小麦灌溉用水亏缺。

4.3.2.4　轻度咸水安全灌溉为耕作制度带来改变

农田灌溉资源有限,再加上近年来河北省地下水漏斗区实行休耕政策,沧州市冬小麦的播种面积小于玉米的播种面积,并处于增加趋势(图 4.14)。按照试验冬小麦保产的情况下,每亩地利用了 40 m³ 的浅层地下咸水资源,就能使一年一熟春玉米的种植模式变成一年两熟冬

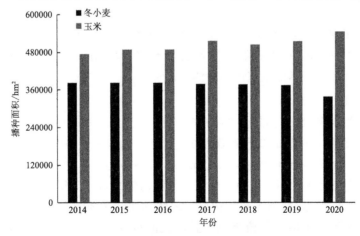

图 4.14　沧州市主要谷物的播种面积

小麦-夏玉米种植模式。将春播玉米替换成夏播玉米后,冬小麦的播种面积至少增加约 9000 hm²。

综上所述,沧州市区域 1～5 g·L⁻¹ 的浅层微咸水/轻度咸水资源丰富,可以满足冬小麦农田因地下水压采限采造成的至少 1.7×10⁸ m³ 灌溉水量亏缺。基于暗管排盐技术的浅层轻度咸水农田灌溉安全利用技术,可使沧州市区域部分耕地扩大一年两熟种植面积,增加冬小麦种植面积 9000 hm²。

4.4　冬小麦盐碱农田基于暗管排盐技术的雨季径流集蓄利用

4.4.1　径流量理论计算

4.4.1.1　计算方法

利用 1971—2015 年 45 年监测的降雨量数据估算研究区产流量。一般而言,当次降雨量大于产流阈值时才能产生径流。当降雨量持续增大,土壤逐渐饱和。基于当地经验及田间试验结果,通常雨量大于 25 mm 时产生径流;降雨量大于 60 mm 以后,田间土壤达到饱和。由于土壤饱和前后产流机制不同,因此,对于降雨量在 25～60 mm 的降雨事件,利用 SCS 径流模型方法计算,对于大于 60 mm 的降雨事件,利用 SCS 模型结合水量平衡计算。

(1)SCS 径流模型

降雨量大于或等于 25 mm、小于 60 mm 时,根据 SCS 模型,径流量计算公式为(刘家福等,2010):

$$Q=(P-0.2S)^2/(P+0.8S) \tag{4.1}$$

式中,Q 为次降雨产生的径流量,单位为 mm;P 为次降雨量,单位为 mm;S 为潜在最大入渗量,单位为 mm,通过下式计算:

$$S=25400/CN-254 \tag{4.2}$$

式中,CN 为反映降雨前区域特征的一个综合参数,根据 CN 值查算表,试验区为 88。

(2)SCS 模型结合水量平衡

当降雨量大于 60 mm 时,前 60 mm 降雨产生的径流量利用 SCS 模型计算,60 mm 以后降雨产生的径流利用降雨量减去土壤稳定入渗量计算,公式为:

$$Q=Q_{60mm}+P-60-f×t \tag{4.3}$$

式中,Q 为次降雨的径流量,单位为 mm;Q_{60mm} 为 SCS 方法计算的 60 mm 产流量,单位为 mm;P 为次降雨量,单位为 mm;t 为降雨历时,单位为 h。P 和 t 由气象站监测获得。f 为土壤饱和导水率,单位为 mm·h⁻¹,通过室内实验测定。

4.4.1.2　计算结果

根据以上方法,计算 45 年内每年产生的径流量,得到结果如表 4.14 所示。研究区径流量在 45 年间平均值为 173.6 mm,变异系数为 0.71(表 4.12),属中等程度变异。1964 年径流量最大(577.8 mm),1993 年径流量最小(12.5 mm)。在时间上,年径流量呈波动递减的变化趋势,且前 15 年波动较大(图 4.15)。由于年径流量波动较大,且 45 年的数据分布为负偏态,平均值不能很好地代表研究区多年产流的情况。因此,可以用中位数(155 mm)代表研究区多年平均产流情况。所研究的 45 年径流极差大且最大值和最小值出现的频次较少(图 4.16),若将极值去除,各年份径流量集中分布在 100～200 mm。径流量＞300 mm 的有 5 次,径流量

＜40 mm 有 5 次。如果将其去掉,对剩下年份的径流量进行统计分析,发现平均值为
154.9 mm,接近中位数。因此,研究区多年平均径流量约为 155 mm,具有地表径流集蓄利用
基本条件。

表 4.12　径流量的统计参数

统计量	个数/个	最小值/mm	最大值/mm	平均值/mm	变异系数	中位数/mm
径流量	45	12.5	577.8	173.6	0.71	155

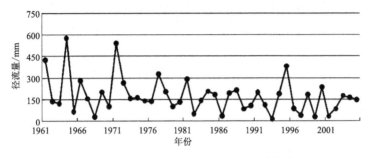

图 4.15　1961—2005 年逐年年径流量分布

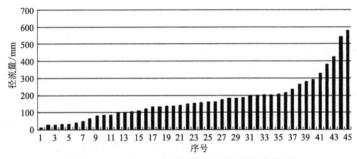

图 4.16　1961—2005 年各年径流量升序排列

以 10 mm 径流量为分段的单位,发生频率较高的有 25～34 mm、135～144 mm、155～
164 mm 3 个径流量阶段(图 4.17);以 50 mm 径流量为分段单位,降雨多分布在 155～
204 mm,以及 105～154 mm 阶段(图 4.18),分别占总数的 27％和 20％。综上所述,可用中位
数(155 mm)代表研究区总体径流趋势。

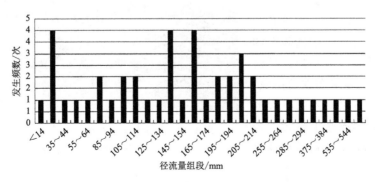

图 4.17　以 10 mm 径流量为间隔分组的径流量频数分布

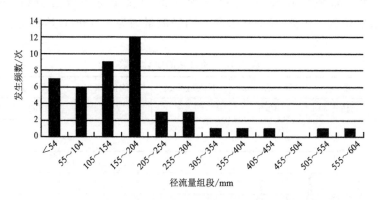

图 4.18　以 50 mm 径流量为间隔分组的径流量频数分布

4.4.2　降雨径流收集系统设计与建设

4.4.2.1　基于暗管工程的雨季径流集蓄灌溉模式

　　以河北省沧州市南大港管理区典型盐碱地区为研究对象,构建了基于暗管排水排盐工程的雨季径流集蓄灌溉模式。首先,选择重度盐碱地类型,调研研究区土壤条件、地形条件、地下水埋深条件等,根据《滨海区暗管排水排盐技术规程》(DB13/T 1692—2012)的相关规定埋设暗管。暗管采用等间距平行布设,尽量与地下水流方向趋于垂直状态,两者夹角不小于 40°。吸水管和集水管坡降根据试验区地形和水文状况确定,吸水管坡降在 0.5‰～0.7‰。暗管平均埋深约为 1.2 m,暗管平均间距约为 40 m。试验区南侧为排水沟,暗管直接通入排水沟内。降雨或灌溉过程中,暗管中的水可自流进入排水沟,淋洗土壤盐分,控制地下水位。

　　项目区面积约 10 亩,利用南大港地区历年降水量数据以及试验地气象站监测的气象数据,结合原位的模拟降雨试验,计算了试验区的多年平均产流量。大部分年份产流量集中在 155 mm 左右。因此,以 155 mm·a^{-1}产流量为标准,计算研究区每年的产流总量。径流收集池设计深度为 2 m,从而计算得到径流收集池的体积。根据地块走向、形状和面积,分割地块收集径流,在试验区的东南角设计雨季径流收集池。径流收集池做好防止入渗和蒸发的措施。雨季收集的径流可以对需水量大的小麦进行灌溉。形成基于暗管工程的雨季径流汇—淡水/微咸水灌溉模式(图 4.19)。

图 4.19　基于暗管工程的雨季径流汇-淡水/微咸水灌溉研究区示意图

4.4.2.2　降雨径流收集系统设计

（1）试验区概括

降雨径流收集系统主要包括径流收集池、水表（图 4.20），为了模拟不同降雨条件下径流收集情况，在径流收集池旁的空地上安装了微喷设备以模拟降水，水表安装在径流场进水口（降水）与出水口（径流）处。径流场面积为 150 m^2，南北长 15 m，东西长 10 m。

图 4.20　径流收集池与径流量测定装置

（2）设计原理

非严格条件下，可以认为降水速率大于入渗速率时产流，产流速率＝降水速率－入渗速率。本研究试图通过人工降水试验确定区域土壤入渗速率，然后结合实测降水速率，计算得到产流速率（量）。

4.4.2.3　降雨径流收集模拟试验

试验前首先灌水使土壤接近饱和状态，然后人工模拟降水至产流，开始计量降水量与径流量。观测结果如表 4.13 所示。

表 4.13　观测结果、降水速率与入渗速率

时刻	12:00	12:00—14:20 (A段)	14:20—16:46 (B段)	16:46—17:24 (C段)	17:24—18:02 (D段)
上时刻进水表读数/m³	14.100	34.400	41.700	44.111	45.590
本时刻进水表读数/m³	34.400	41.700	44.111	45.590	46.763
积累灌水量/m³	20.300	27.600	30.011	31.490	32.663
本段灌水量/m³	20.300	7.300	2.411	1.479	1.173
径流量东场东表/m³	0.000	0.000	0.592	0.698	0.796
径流量东场西表/m³	0.000	0.000	0.564	0.668	0.767
积累径流量/m³	0.000	0.000	1.156	1.366	1.563
本段径流量/m³	0.000	0.000	1.156	0.210	0.197
降水速率/(mm·h⁻¹)	—	20.857	6.605	15.568	12.347
径流速率/(mm·h⁻¹)	—	—	3.167	2.211	2.074
入渗速率/(mm·h⁻¹)	—	—	3.438	13.358	10.274

* 注 14:20 开始产流

（1）区域土壤入渗速度的确定

为了加速降水产流过程,试验在 A 段以及之前时间,采取水管直灌方式模拟降水,导致径流开始后的 B 段虽降水速率下降且低于 C、D 段的情况下,但仍有较大的径流速率($3.167\ \text{mm·h}^{-1}$)与较低的入渗速率(由于其和径流速度互补)。主要是由于 A 段及以前高强度降水造成地面水头而形成更多的径流。因此,B 段径流与入渗都处于非平衡态。

C 段与 D 段采用喷头降水,由于喷头的阻力,降水速率分别下降至 $15.6\ \text{mm·h}^{-1}$ 和 $12.3\ \text{mm·h}^{-1}$,降水入渗分别为 $13.36\ \text{mm·h}^{-1}$ 和 $10.27\ \text{mm·h}^{-1}$。相对于 A 段与 B 段降水速率的波动,C 段、D 段降水速率平稳,且历时 1.27 h,可以认为此时降水、径流、入渗达到稳定状态,故取 C 段与 D 段的平均入渗速率作为区域土壤入渗速率,即$(13.36+10.27)\times2^{-1}=11.82\ \text{mm·h}^{-1}$。

（2）年累积产流量估算

运用试验得到的区域土壤入渗速率 $11.82\ \text{mm·h}^{-1}$,估算 2012 年与 2013 年 4—11 月(雨季)降水所产径流量。降水数据来源于试验区(WatchDog)自动气象站,数据采集间隔为 30 min。

为了方便比较将区域土壤入渗速率在转换为半小时降水速率,即 $11.82\times2^{-1}=5.91\ \text{mm·}$ $30\ \text{min}^{-1}$,用 K 表示半小时的入渗量,即 $K=5.91$ mm。

每半小时产流量按以下公式计算:

$$\begin{cases} Q_{气象站半小时降水} - K < 0 \rightarrow A = 0 \\ Q_{气象站半小时降水} - K \geqslant 0 \rightarrow A = Q_{气象站半小时降水} - K \end{cases} \tag{4.4}$$

式中,A 为产流量,$Q_{气象站半小时降水}$ 为气象站每半小时降水数据,$K=5.91$ mm,计算得到年累积径流量如表 4.14 所示。

表 4.14　年累积径流量估算值

时段	累积降水量/mm	累积径流量/mm	每亩产流量/m³
2012 年 4—11 月	652.6	98.864	65.9
2013 年 4—11 月	599.8	166.776	111.2

由此可以看出 2012 年与 2013 年产流量分别为 98 mm 和 167 mm。虽然 2012 年降水量远大于 2013 年降水量,但由于其降水速度相对平均,反而产流量不及 2013 年。

综上所述,若以 600 m³·hm⁻² 作为一次常规灌溉量,该地区每亩年均产流 88.5 m³,可以保证两次常规灌溉用水。而且,降水产流量不但与年降水总量相关,更与降水水型关系紧切,短时高强度降水,更有利于产流,因此,要及时把握短时高强度降水所产径流收集的时机。

4.4.3　降雨径流集蓄基础与效益

4.4.3.1　暗管工程对雨季径流集蓄灌溉模式的重要作用

利用集蓄的径流进行灌溉对缓解干旱条件下作物水分的胁迫意义重大(Gould et al.,2014)。然而,径流经过汇集、储存可得到淡水或微咸水。微咸水灌溉必须要防止土壤中的盐分积累达到限制作物生长的水平,应控制土壤—水—作物系统的盐分平衡以及尽量减轻盐分对作物的危害。研究表明,长期灌溉微咸水会引起土壤盐分的累积,尤其以表层 0～5 cm 最为显著,这对土壤理化性质和作物的生长都有不利影响(赵耕毛 等,2003)。特别是蒸发强烈的季节,微咸水灌溉方式不当,会使盐分上移到土壤表层,使得表层变成白白的一大片。若有大风来袭的恶劣天气,表层的固体盐土随风转移到其他地方,造成严重的二次危害。因此,微咸水灌溉要重视土壤盐分的调控,防止土壤次生盐渍化。

基于暗管工程可以有效缓解由微咸水灌溉对土壤造成的危害。该模式将微咸水灌溉与暗管工程相结合,可以有效淋洗土壤盐分,同时控制地下水位,防止返盐现象发生。由于作物的关键需水时期通常与降雨的集中期不匹配,因此,可以利用雨季收集的径流水在作物需水的关键时期进行灌溉。在保障作物用水的同时淋洗土壤盐分,减少耕作层盐分的积累,缓解盐碱障碍。如果没有暗管排水排盐工程基础,微咸水灌溉的负面影响则更为明显。主要是因为微咸水灌不仅将盐分带入土壤,也抬升了地下水位,增加了地表返盐的风险。可见,雨季径流集蓄灌溉必须以暗管工程为基础。

4.4.3.2　基于暗管工程的雨季径流集蓄灌溉模式的应用与效益

降雨径流集蓄技术应基于前期充分调研与试验,合理规划地块,科学构建径流收集池。当地年径流量约为 155 mm,将地块大小设置为 0.33～0.67 hm²,对应收集池容积为 500～1000 m³。将径流收集池深度设计为 2.5 m,则收集池所占面积为 200～400 m²,仅为对应产流面积的 6%。根据经验,当地一次充分灌溉用水量约 60 mm。则该技术只需 6%左右的集水面积收集径流,即可进行 2 次灌溉。关键期灌溉技术应结合当地降雨情况及作物生长情况确定。河北省滨海地区以冬小麦—夏玉米种植为主。依据该区降雨年内分布情况,夏玉米整个生长期降雨量均较为丰富,通常不需要进行灌溉。冬小麦通常在越冬前期、拔节抽穗期需水量大,而此时期降雨量小,通常需要灌溉来增加作物产量。

基于冬小麦—夏玉米的种植,发展"降雨径流集蓄—关键期灌溉—暗管淋盐"模式。每年7—8月利用降雨径流收集系统,收集此阶段的地表径流。收集到的径流水可进行 2 次灌溉。

一次在 10—11 月小麦越冬期前进行灌溉;另一次在次年 4—5 月小麦拔节至灌浆期进行灌溉。两次灌溉都结合暗管进行盐分淋洗,同时控制地下水位。以此不断循环,既能够保障作物用水,也能够降低土壤盐分,实现可持续发展。试验显示,该模式在河北滨海地区的应用,可以增加作物产量 15%～20%,降低土壤盐分 50%,为滨海盐碱地农田的可持续利用提供样板。

第 5 章 河北滨海盐碱地暗管排盐农田生态工程

5.1 盐碱地农田综合生态工程概念与原理

农业生态工程是有效运用生态系统中"生物群落共生原理"、系统内多种组分相互协调和促进的功能原理,遵循地球化学循环规律实现物质和能量多层次、多途径利用与转化的原则,在合理利用自然资源的基础上设计与建设农业生态经济系统,使其保持生态系统多样性、稳定性和高效、高生产力的功能性所涉及的工程理论、工程技术及工程管理(张壬午 等,1998)。云正明等(1998)认为,农田(种植业)生态工程是农业生态工程的基础和重要组成,是根据系统工程理论,多种成分相互协调和促进的功能原则设计出的旨在取得最佳经济、社会和生态效益的工程体系。不但包括传统的间、套作等精细耕作技术,还包括现代高新技术的综合和配套应用。

农田综合生态工程指综合运用不同农田生态工程措施系统地解决限制农业生产的主要问题,使其遵循作物生长规律,以实现增加粮食产量的目的。盐碱地农田生态工程的核心是排水和控水,通过暗管排水排盐合理分配盐碱地土壤水分、盐分,减少作物关键敏感生育期的盐分胁迫与水分胁迫次数与危害程度,在周年内达到土壤积盐与排盐平衡,土壤水盐环境与作物相适宜,顺利完成作物生命史,并获得较高产量。盐碱地农田生态工程体系具有如下特征:

第一,综合运用多项技术,核心是根据气候和土壤环境年际变化特点,季节性地利用"补水＋降盐、抑盐＋排涝、洗盐＋雨水收集利用"技术改善土壤环境。

第二,工程的实施结合作物生长敏感时期,实现"补水增盐—排水洗盐"的螺旋式循环,最终达到作物生长与水盐变化周期相吻合的平衡状态。

第三,在水盐变化规律与作物生长相吻合的状态下,利用优良品种、雨水资源以及有机培肥等措施增加作物的产量,提高盐碱地利用价值。盐碱地的改良是一个系统生态工程,农田综合生态工程系统改良盐碱地必将朝着系统性、互作性、循环性方向发展。

河北省滨海盐碱地暗管排盐农田综合生态工程具体内容在于通过咸水灌溉技术在干旱时期补充水分,利用暗管排水工程在雨季对农田进行洗盐和排涝,在年际间形成"补水—增盐—洗盐—养分流失—土壤培肥"的循环。在工程实施时,要充分考虑当地农业生产特点,针对该区域春季干旱、土壤返盐、夏季涝害等农业生产限制问题,充分利用"盐随水来,盐随水去"的土壤水盐运移规律,通过暗管工程增强土壤排水能力,降低洪涝灾害,促进土壤中盐分充分淋洗,同时结合结冰灌溉(郭凯 等,2016;张越 等,2016)、咸水利用等节水灌溉技术,再辅以相应的土壤培肥与管理工程、农田适生种植生态工程,保证作物生长,综合提升盐碱地的生产力(图5.1)。

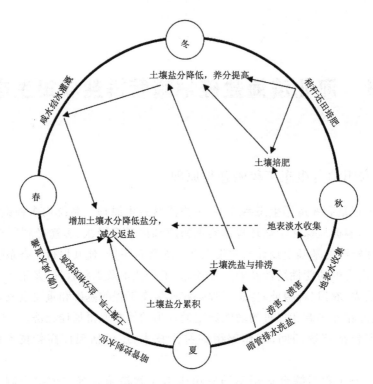

图 5.1　盐碱地暗管排盐农田综合生态工程原理

5.2　暗管排盐生态工程实施

5.2.1　工程概况

　　本工程包括暗管工程和以暗管工程为基础的暗管排水排盐技术和微咸水、咸水直接灌溉技术,为试验性研究,研究区位于土壤盐分表聚性很强的黄淮海平原东部,试验点设在河北省沧州市南大港产业园区。该区域以潮土类土壤为主,为地势低洼的盐碱荒地,土壤水分和盐分在垂直方向的上行与下行、积盐与脱盐过程具有鲜明的季节性特点(石元春 等,1983;石元春 等,1986b),试验点年均土壤含盐量为 $2.0\sim6.0$ g·kg^{-1},地下水周年埋深在 $20\sim130$ cm,在蒸发量不断加大、降水量较少的 4—6 月,土壤盐分迅速在土壤耕层累积。春季温度升高(图 5.2),蒸发量大、降水少(图 5.3),为"强烈蒸发—积盐"阶段(3—5 月)(刘小京 等,2010);夏季受蒸发和雨水淋洗的双重作用,土壤处于"积盐—脱盐"反复阶段;秋季温度降低,土壤处于脱盐阶段;冬季干燥寒冷,降水极少,蒸发量不高,土壤中水分主要以气态形式向上层转移凝结,盐分运动基本停止。土壤盐分周年变化显著(图 5.3),作物播种深度(0~5 cm 土层)的含盐量为 6~60 g·kg^{-1},是下层 20 cm 处的数倍至数十倍,严重影响作物出苗和保苗。

5.2.2　工程实施

　　工程具体实施过程如下:

　　(1)暗管铺设:在田地埋设直径 8 cm 的 PVC 双螺纹打孔入渗管,管周围铺设沙子和石子

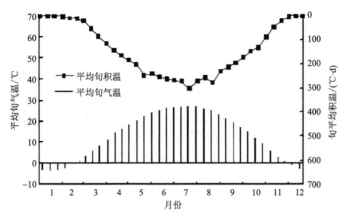

图 5.2　试验区平均气温与积温周年变化

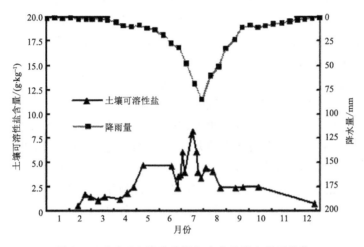

图 5.3　试验区土壤盐分周年变化及降水量平均值

作为滤料,管间距 60 m,长 110 m,埋深 1.6 m,坡降比为 5‰。平行埋设 3 根,管头位置布设集水井,井与井用导水管联通,导入 20 m×20 m 集水池,集水池安装排水泵。

　　(2)暗管排水排盐:夏季单次降水 70 mm 以上或地下水埋深小于 30 cm 时进行排水洗盐,地下水埋深降至 80 cm 时停止抽水。

　　(3)咸水灌溉:春季玉米拔节期、小麦抽穗期进行咸水灌溉,咸水浓度 6 g·L^{-1},灌溉量为 1200 m^3·hm^{-2}。同样,西瓜和秋白菜采用 6 g·L^{-1} 的咸水点灌,用水量 100 m^3·hm^{-2}。

5.3　农田适生种植生态工程

5.3.1　小麦—玉米一年两熟高产栽培技术与实践

　　"小麦—玉米"两熟高产栽培技术利用咸水灌溉与暗管排水排盐技术相结合的方法,在春季有效补充土壤水分,夏季排除土壤中累积的盐分,改变盐碱地耕层土壤盐分年际间累积规律,实现"小麦—玉米"一年两熟栽培模式,改变中度盐碱地一年一熟的种植制度,增加复种指数,提高粮食产量与农业产值。此技术将河北滨海中度盐碱地区"小麦—玉米"一年两熟制度变为可能。

区域内土壤含盐量为 3‰～5‰ 的中度盐碱低产田和荒地,地下水埋深浅,小于 1 m;浅层地下水含盐量的矿化度为 5～20 g·L^{-1};土壤质地较轻,入渗能力良好。为适应这种类型的土壤,选择小偃 81、小偃 60 等小麦耐盐品种,遵循小麦品种不同生长期不同的耐盐特性进行灌溉,在小麦返青时期进行淡水灌溉,灌溉水矿化度为 4～8 g·L^{-1} 的水,灌溉量 900～1800 m^3·hm^{-2},在抽穗期灌浆期进行咸水灌溉,灌溉咸水矿化度为 7～15 g·L^{-1} 的咸水,每公顷 900～1800 m^3,在主汛期抽水,利用暗管排除田间明水和土壤重力水,将地下水位控制在 0.6～1.3 m,降低土壤盐分和涝渍害对玉米生长的危害。最终实现中度盐碱地上"小麦-玉米"一年两熟的种植制度。

5.3.2　杂交谷子高产栽培技术与实践

杂交谷子在盐碱地上的栽培研究很少,在中重度盐碱地上的高产栽培技术有待研究。利用盐碱地尤其是中重度盐碱地生产谷子,对我国粮食安全有重要意义。该技术为当地农民提供一种新的可种植作物,调整农业结构,使之更加合理。根据滨海盐碱地特点,结合暗管排水排盐工程生态,滨海中重度盐碱地上杂交谷子高产栽培技术包括以下内容。

(1)杂交谷子种子抗盐碱丸粒化。在杂交谷子表面包裹一种丸粒化剂,使其形成 2～5 mm 直径的丸粒化种子,使种子抵抗盐碱和保持水分。

(2)雨后浅播。在滨海中重度盐碱区域选择在降雨大于 50 mm 后进行播种,使用播种机械,将包衣种子埋藏于土壤 0.5～1.0 cm 深处,有利于谷子快速出苗、生长。

(3)精量播种。采用谷子播种机在利用丸粒剂增大种子直径的情况下进行播种,能够达到每 7～9 cm 一粒种子的效果,行距 33 cm,谷子播种量在每亩 2.5 万株左右。

(4)化学除草。指杂交谷子长到 3～5 叶时,每亩施用专用除草剂 100 mL、抗倒伏剂 10 mL、兑水 20～25 kg,均匀喷洒在谷苗和地面,杀死杂苗、自交苗和一年生禾本科杂草,同时降低株高,防止倒伏。

(5)中耕保墒。在杂交谷子苗期、拔节期和孕穗期进行 3 次中耕,以便保墒和破除板结。

(6)施肥。播种期每亩地施用二铵 5～10 kg,拔节期每亩地施加尿素 5～7.5 kg、二胺 7.5～10 kg。抽穗期每亩地施尿素 15～20 kg、硫酸钾 5～10 kg。

(7)病虫害防治。在定苗后、拔节期用辛硫磷 800 倍液喷雾二次,防治谷子钻心虫。在谷子抽齐穗后,用甲基托布津 600 倍液喷雾进行防治穗瘟病。

研究发现土壤在降雨前的全盐含量为 5.2‰,降雨后土壤全盐含量为 2.87‰,在此种土壤条件下,上述技术显著地缩短了杂交谷子的出苗时间,增加了植株干重,增加了苗期株高。在成熟期又显著降低了株高,增加了穗重和千粒重,实现了产量的显著增加。在整个工程过程中显著地减少了用工花费,增加收入 1 倍以上。

5.3.3　棉花高产栽培技术与实践

棉花高产栽培技术结合暗管的布设,选择较耐的盐碱棉花品种国欣棉 SGK3,按照棉花的种植方式种植 9.4 亩,研究发现试验区棉花产量 2700～3000 kg·hm^{-2},较暗管对照区增产达到 30%(810～900 kg·hm^{-2});单位耕地面积增加 16%,约 0.0107 hm^2,增产 432～480 kg·hm^{-2};两项累计增产 1242～1380 kg·hm^{-2};僵桃率降低 15% 以上。与对照区相比,暗管埋设区种棉花可实现高产稳产。

5.4　农田土壤改良生态工程

5.4.1　土壤养分平衡调控技术

土壤养分平衡调控技术是指根据土壤养分缺失程度向土壤中添加不同类型的肥料,增加土壤肥力的措施。施肥前进行测土检测判断土壤养分供应能力,结合作物需肥特性进行施肥。

当土壤有机质含量低于 18 g·kg^{-1}时,可增施有机肥。有机肥料可采用经过堆腐或沤制腐熟,无毒、无害的粪肥、厩肥、沼肥、饼肥和其他有机肥料,也可以采用商品有机肥料。粪肥、厩肥、沼肥和其他有机肥料,每亩地的施用量一般为 1~3 t,饼肥每亩 0.1~0.5 t,商品有机肥料按具体产品推荐量施用。有机肥料做基肥,在作物播种前结合翻耕均匀施入土壤。施用无机肥料时要实行氮肥总量控制、磷肥衡量补充和钾肥适当补充的原则。无机肥料结合覆膜、灌溉等因素施用,应避免在雨季施用无机肥。

针对肥力降低的盐碱地,土壤含盐量低于 3 g·kg^{-1}时,可种植绿肥,以豆科绿肥为主,选取毛叶苕子、田菁、草木樨、紫花苜蓿等耐盐作物。随着暗管排水排盐技术实施,土壤含盐量显著降低时,应更换种植相适宜的绿肥作物品种或经济作物。播种量取决于绿肥作物品种,单作绿肥生长盛期能覆盖农田地面,间套绿肥应能覆盖绿肥种植行或种植地面。直接翻压的绿肥根据滨海区降雨量和气温,在主栽作物播种前 10~25 d 翻压入土;植株高大的绿肥、难以直接翻压的,可采用灭茬还田机械粉碎覆盖地表,或切碎,然后翻压入土。

5.4.2　土壤物理结构改良技术

5.4.2.1　深耕深翻深松

深松粉垄被认为是暗管工程快速见效的重要手段。盐碱地土壤结构密实,通透性差,导致其湿时泥泞、干时坚硬,耕性恶劣,土壤微生物活动减弱,土壤温度调节能力低,严重影响作物生长,因此,在播前需要深翻土地,把土壤表层含盐量较高的土壤翻到下层,切断毛细管,深翻晒地可改善板结状态,提高地温,提高土壤保水、保肥、保温能力,同时能有效地疏松土壤,降低土壤容重,破坏土壤毛细管作用,减少盐分向表层积累。尤其是较为黏重的土壤,深松可以增加土壤的孔隙度,改善土壤通透性,有利于土壤中气体的有效交换,增加土壤的好气性微生物和矿物质的有效分解,提升入渗速率,促进淋洗,还有利于培肥地力。

本工程依据耕地地块大小、形状、走向,结合灌溉系统及排水系统分布状况,将土地划分成大小为 5~10 亩的地块,然后进行整地,整地应依地势而行,基本程序为耕翻、耙地或旋地、糖地及镇压。采用深耕方式进行翻耕,深度达 30~35 cm,整地后的土地平整度应达到播种机播幅内高低差不超过正负 2 cm。播种前至少镇压 1 次,镇压后的苗床土壤应平整坚实。

此外,深翻可有效降低病、虫、草害的基数,减轻病、虫、草的危害。经过深翻与不翻微区试验对照,发现在降水量 128 mm 条件下,深翻微区盐分下降 58.2%,不翻微理指标区下降36.1%,见图 5.4。通过深翻晒地可以提高单位水量淋洗盐分效果。

当土壤剖面存在不透水层或入渗性能较差的层次时,应采取必要的深松措施,深松深度不小于 40 cm,保证土壤的通透性,增加盐分淋洗效率。土壤的通透性是暗管顺利排水的前提,对于质地偏黏的土壤,需要采取深松的方式增加土壤入渗率。除深松外,也可采取施用有机肥

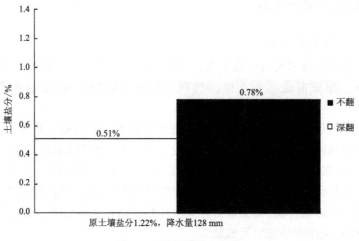

图 5.4　深翻效果示意图

的方法,增加土壤有机质含量,提高土壤入渗率。同时,也可选择在暗管工程初期种植深根作物,利用根系增加土壤的通透性。

5.4.2.2　晒垡与平整

控制地下水位、平整土地、深翻晒地,是传统的改良盐碱地方法,它简单易行,便于老百姓接受,成本低,效果明显。土地平整有利于水分均匀入渗,减少盐分斑块化现象。若土地平整度不够,则会导致灌溉不均匀,地块盐碱淋洗不彻底。土地不平整,点播深浅度无法掌握,也会导致出苗率很低。

原来提倡"平地缩块",因农业机械化逐步实现激光平地机的使用,但地块太小不易使用机器,机器工作效率低,增加了平地成本,所以应提倡、推广田块适宜大小进行种植。根据调查和实际验证,田块长宜在 70~80 m,宽宜为 55~60 m,每块地有 6 亩左右比较适宜用激光平地,进行适量地面灌溉。同时进行精细耙地,确保地表没有过大的土块,地块内高差小于5 cm,各地块间的高差小于 20 cm,这样既提高了平地效率和平地质量,又节约灌溉水量(节约 20% 水量)和缩短灌水时间(缩短 1/3 时间),避免了因地不平、灌水不均形成盐斑和浪费水量,以及低处因长时间积水将地阴渗板结。

5.4.3　土壤综合改良效果

5.4.3.1　土壤物理性状变化

暗管排水创造了干湿交替的条件,有利于土粒脱水重组微团聚体,且排水后的土层内土壤胶体由溶胶状态变为凝胶状态,促使土壤结构化、土壤孔隙率增大,特别是非毛细孔隙的增加,提高了土壤含气量和通透性,暗管埋设年限越长土壤通气孔隙增加越明显(范业宽 等,1989;陆建贤 等,1992;潘智 等,1993;艾天成 等,2007),有利于作物发育。

3—6 月尽管为旱季,暗管对土壤盐分的降低作用依然明显,其中最大降幅为 39.6%,平均降幅为 28.7%。暗管的埋设使表土含盐量由对照的大于 2 g·kg^{-1} 降至 1.4~1.9 g·kg^{-1},对减轻土壤的盐害具有重要意义。雨季暗管对土壤盐分的降低幅度更大,平均降幅为 47.8%,达到 0.75 g·kg^{-1},表层土壤已接近脱盐化。进入夏季,随降雨量增大地下水埋深逐渐变浅,暗管排水的效果得以体现;进入丰水期,暗管的降渍效果更加显著,7—9 月埋设暗管区地下水埋深较对照区显著下降,与对照相比,最大降幅为 50.4%(Kelleners et al. ,2000)。

5.4.3.2　土壤养分变化

暗管埋设后改善了土体的通气状况,提高了土壤温度,加速土壤有机质分解,促进土壤养分矿化,从而增加了耕层土壤的速效钾、速效磷与碱解氮等的含量(潘智 等,1993;陈士平 等,2000)。但也有研究表明暗管埋设后,随着排水量的增加,土壤易氧化,有机质、速效磷、速效钾含量均有所下降(陆建贤 等,1992),这与暗管控制排水的时间与控制水位有关。

刘培斌(2000)根据势能理论及溶质运移理论建立流网法与动力学方法相结合的田间水氮动态混合模拟模型,研究淹灌稻田在排水条件下的氮素淋失规律,发现暗管排水量越大,氮素的流失量越大。Lalonde 等(1996)的试验结果说明,将水位控制在 0.25 m,两年内能减少62%~76% 的氮素流失量,若将水位控制在 0.5 m,则可减少氮素流失量 69%~95%。水位太高会加强土壤反硝化作用,氮素转变为氮气逸出使土壤中氮素减少,影响作物生长;同时由于磷主要吸附或结合在土壤颗粒中,提高水位会使其溶解造成磷富营养化,因此要合理控制地下水位(殷国玺 等,2011)。陈晓东等(2006)认为减少稻田氮磷污染的控制排水措施为控制排水时间与控制降雨或灌溉水在农田中滞留时间。

暗管条件下的土壤养分特征受土壤渗透性、暗管埋深及间距等因素影响。Gilliam 等(1979)的控制排水试验表明,排水较好地段没有明显反硝化现象,通过减少排水量能够减少硝态氮的损失量;但在排水较差地段,因为更多的硝态氮流向更深土层,控制排水并没有降低土壤剖面的氧化反而因排水多损失了近 50% 的硝态氮。Kladivko 等(2004)通过 15 年的暗管排水试验发现,窄间距暗管排水区的排水量及氮素流失量较大,排水中的氮含量并不随间距的变化而变化,但随着试验时间延长氮素含量呈越来越小的趋势。曾文治等(2012)用 DRAIN-MOD 模型模拟不同暗管控制水深、暗管间距和暗管埋深条件下暗管排水中硝态氮流失量的变化规律,发现单一增加暗管出口控制水深或暗管埋深以及单一减小暗管间距都会使暗管排水中硝态氮流失量增加,当暗管埋深不变时,增大暗管间距的同时减小暗管出口控制水深有助于减小暗管排水中的硝态氮流失量。Singh 等(2002a,2007a)的印第安滨海黏土的暗管试验证明暗管排水可以控制根际氮素在 0.9 mg·L^{-1},而排水不畅区氮素含量超过作物耐受限,对作物产生氮毒害。对于不同类型地区暗管排水中硝态氮与铵态氮所占比例也不同,他们的研究结果表明,15 m 间距暗管埋设耕地区的暗管排水中硝态氮占主导,而在重盐渍化土壤与25 m、35 m 间距暗管埋设区的初始排水阶段中铵态氮占主导。Goswami 等(2009)发现基流与地下排水管流中硝态氮的贡献率分别为 90% 与 10%,基流起着主导作用,并认为硝态氮中的氮含量主要取决于降水、土壤前期含水量、肥料施用时间与蒸发等。

暗管控制性排水改变了土壤养分的分布特征。有研究表明氮素与磷素最大流失时间点与最大排水量一致,但与传统排水不同的是,磷素的流失量与土壤温度没有呈现一致性(Wesström et al. ,2007)。根据溶质运移理论以及土壤水动力学理论研究暗管排水中氮素流失规律,结果表明暗管径流中铵态氮排放量与暗管排水量呈线性正相关,硝态氮排放量随控制水位降低而增加(黄志强 等,2010)。杨琳等(2009)研究控制排水条件下硝态氮与铵态氮的空间分布特征,发现无论采取控制排水与否,土壤垂直剖面上的硝态氮均有一致的浓度变化规律:0~40 cm 处浓度最高,在 40~60 cm 浓度急剧减小,60~80 cm 浓度值很小;铵态氮与硝态氮迥然不同,铵态氮在土壤垂直剖面上的含量变化不大。控制排水对土壤硝态氮的减小率有显著影响,表现在控制水位越高,土层间硝态氮减小率越大;控制排水对铵态氮的含量也有一定的影响,表现在控制排水位越低,土壤中铵态氮的含量越小。暗管在排涝和降低土壤盐分方面具有重要作用,可有效减少土壤养分流失、减少污染物排放、保护农田生态环境。

第 6 章 河北滨海盐碱地暗管排盐生态工程技术模式实施效果

6.1 增加耕地面积、提高耕地质量

6.1.1 暗管排盐生态工程增加耕地面积

利用暗管排水代替毛沟排水,将占地面积较大的毛沟填平,可显著增加耕地面积。计算了位于河北滨海地区的暗管排盐工程试验区耕地面积的增加情况,试验区总面积约为 13.3 hm²,暗管埋设前按照苏联排水模式,即 50 m 宽度的田块需建设宽度为 8 m 的毛沟,毛沟占耕地面积比例为 16%,暗管排盐工程平整毛沟后,可增加 2.1 hm² 的耕地面积。河北省滨海地区适宜暗管埋设区拥有耕地面积约为 3.21×10^5 hm²。暗管工程实施后,毛沟所占面积转为耕地,可增加耕地面积约为 5.14×10^4 hm²。

6.1.2 暗管排盐生态工程提高耕地质量

6.1.2.1 暗管排盐生态工程减少洪涝灾害

雨季暗管排水降低地下水位,可加大土壤积蓄淡水库容的能力,减小地表径流及涝害发生的概率。从图 6.1 可以看出,暗管埋设区与对照区在非暗管排水期的地下水埋深没有显著差异,但在雨季暗管控制性排水作用下,两者之间出现了显著差异。雨季(6—9 月)期间,暗管排水区的月平均地下水埋深分别为 79.82 cm、54.47 cm、51.32 cm、49.80 cm,可保持地下水埋深在 40 cm 以上,能保证作物的正常生长发育(作物根系深度一般为 30 cm),而无管对照区的月平均埋深分别为 72.93 cm、35.83 cm、29.87 cm、42.97 cm,强降雨发生后易发生洪涝灾害,

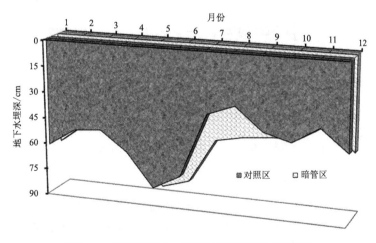

图 6.1 暗管区(T)与对照区(CK)地下水埋深变化

作物根系浸泡时间过长导致作物减产。

6.1.2.2　暗管排盐生态工程降低土壤盐分

由于地下水位埋深浅等原因，河北滨海地区土壤盐分含量高，中、低产田广泛分布。暗管排盐工程可以显著降低土壤盐分。研究发现，雨季降雨发生后，暗管区 $0\sim50$ cm 土层土壤含盐量均有显著下降，变化值为 $0.18\sim0.84$ g·kg^{-1}，且随土层深度的加深变化值逐渐减小（表6.1），这是因为降雨后表层土壤盐分相对深层土壤溶解更充分，盐分能够迅速通过暗管排出土体；而对照区土壤含盐量变化不大，$10\sim30$ cm 土层土壤含盐量甚至有所增加。暗管区土壤含盐量变化比率为 $-18.96\%\sim-5.47\%$，远高于对照区 $-0.31\%\sim37.78\%$（图6.2）。可见，通过推广暗管改良盐碱地技术，可以达到排盐改土的目的。实施该项技术后，通过培肥土壤和其他配套耕作措施的实施，可以将中、低产田改造为高、中产田，提高耕地的综合生产能力。

表 6.1　降雨前后暗管区(T)与对照区(CK)土壤含盐量与 SAR 变化

指标	土层深度/cm	暗管区(T)			无暗管区(CK)		
		雨前	雨后	变化值	雨前	雨后	变化值
土壤含盐量/ (g·kg^{-1})	$0\sim10$	4.43	3.59	-0.84	2.62	3.61	0.99
	$10\sim20$	4.18	3.4	-0.78	3.24	3.17	-0.07
	$20\sim30$	2.78	2.56	-0.22	3.21	3.2	-0.01
	$30\sim50$	3.29	3.11	-0.18	3.17	3.52	0.35
SAR	$0\sim10$	0.61	0.65	0.04	0.57	0.76	0.19
	$10\sim20$	0.88	1.00	0.12	0.78	1.17	0.40
	$20\sim30$	0.66	1.41	0.75	0.68	1.40	0.73
	$30\sim50$	0.91	1.80	0.89	0.79	1.98	1.18

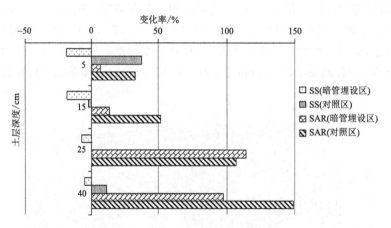

图 6.2　降雨前后暗管埋设区(T)与对照区(CK)土壤含盐量(SS)与 SAR 的变化率

6.1.2.3　暗管排盐生态工程降低土壤钠吸附比

降雨后 $0\sim50$ cm 剖面上土壤浸提液 SAR 显著增加，暗管区增加幅度 $6.77\%\sim113.87\%$，对照区增加幅度 $32.80\%\sim149.33\%$，随着土壤深度的增加基本呈增加趋势（图6.2）。除 $20\sim30$ cm 土层暗管区与对照区 SAR 增加值基本一致之外，其他 3 个深度处暗管区

SAR 的增加值均低于对照区,增加值随土层深度的增加而变大(表 6.2)。该结果表明,经过雨季降水淋洗,土壤内的 Mg^{2+} 与 Ca^{2+} 被 Na^+ 置换,即土壤出现钠质化趋势,暗管排水降低了土壤内的 Na^+ 含量,降低了 Na^+ 的置换强度,减缓了土壤钠质化进程。钠质化易引起土壤颗粒收缩、胶体颗粒的分散和膨胀,阻碍土壤内气体和水分的运动,不利于作物生长发育(刘骏 等,2011)。因此,雨季暗管排水不仅可以降低土壤含盐量,还可减缓土壤碱化趋势。

6.2　增加作物产量、提高经济收入

暗管排水排盐技术的应用,在增加耕地面积、提高耕地质量的同时,增加了作物产量。暗管工程能显著改变自然状态下土壤不同层次和不同季节盐分和水分的分布,使作物在易遭受胁迫的敏感期规避了危害,从而增加了适宜种植作物的种类。作物种类由工程实施前单一的棉花种植变为棉花、玉米、小麦、谷子等多种作物种植的方式。对暗管排水排盐技术实施后监测数据分析发现,土壤含盐量的降低促进了作物生长。以夏玉米、冬小麦、谷子和经济作物棉花为例,在暗管排水排盐技术实施 1 年后,暗管实施区域和无暗管实施区域作物长势和产量有显著差异。夏玉米、冬小麦、谷子和经济作物棉花分别增产 51.3%、21.9%、31.5%和 62.9%(表 6.2)。

表 6.2　暗管排水排盐技术实施 1 年后暗管实施区与无暗管实施区作物产量对比　　单位:$kg \cdot hm^{-2}$

作物	暗管实施区耕地作物产量	无暗管实施区耕地作物产量	暗管实施区耕地作物增产量	暗管实施后荒地作物产量
夏玉米	6014.3	3974.2	2040.1	3650.4
冬小	4724.6	3875.2	849.4	3452.7
谷子	5025.4	3820.6	1204.8	3590.2
棉花	3250.7	1995.9	1254.8	2312.4

暗管排盐生态工程可提高耕地质量,增加作物产量,从而提高农民的经济收入。经计算,相比暗管实施前的基准作物棉花而言,暗管工程实施后,不同作物品种均有明显增收。其中,棉花品种为国欣棉 SGK-3,玉米为郑单 958,杂交谷子为张杂谷-8 号,小麦为小偃 81。作物生产面积比例按照当地农业农村局给定比值估算。产量按照试验区平均产量计算,农产品价格按照 2011 年试验区所在地实际价格计。具体见表 6.3。

按照河北滨海盐碱地适宜暗管区域面积计算,可实现 1010.1 元·(亩·a)$^{-1}$×15 亩·公顷$^{-1}$×3.9 万 hm^2·0.0001 亿·万$^{-1}$=5.9 亿元·a^{-1} 的新增收入。

表 6.3　暗管实施前后产量和收入比较

项目	内容	金额/元
新增投入	—	53.4
建设成本/(元·亩$^{-1}$·a)	—	33.3
运营成本/(元·亩$^{-1}$·a)	—	20.1
暗管埋设前	暗管埋设后	
基准作物	单作	复种(小麦—玉米)

续表

项目	内容						金额/元
	棉花	棉花	玉米	杂交谷子	小麦	玉米	合计
产量/(kg·亩⁻¹)	39	212	381	397	200	350	
价格/(元·kg⁻¹)	7	7	2	5	2.2	2	
产值/(元·亩⁻¹)	273	1484	762	1985	440	700	1140
新增产值/(元·亩⁻¹)	—	1211	489	1712	—	—	867
投入产出比	—	22.7	9.2	32.1	—	—	16.2
预期播种面积比例/%		50	30	10	10		
平均新增收入/(元·亩⁻¹)	1010.1						
推广面积/亩	1200						
新增收入/(万元·a⁻¹)	121.2						

注:运营成本按关键时期排水计算

6.3　改变盐碱区盐生植物资源及其群落特征

近滨海地区盐生植物群落的空间格局因受土壤盐分条件的影响而呈现一定的地域性差异,其群落特征及其分布对土壤盐分条件具有良好的指示作用。因此,以河北沧州黄骅市暗管改碱技术试验区为例,采用五点取样法分别对地下埋设暗管的荒地、夏季休耕地和未埋设暗管的荒地、夏季休耕地4种生境的植被进行调查,研究了不同类型生境下盐生植物的物种种类、群落类型、种类组成以及群落多样性等特征,明确了暗管改碱技术在改良盐碱地土壤和改善生态环境质量方面的重要作用。

6.3.1　研究方法

6.3.1.1　调查方法

野外调查于植物生长高峰期(8月)在暗管改碱技术试验区进行。选取地下埋设暗管的荒地(AH)、夏季休耕地(AG)和地下未埋设暗管的荒地(H)、夏季休耕地(G)4类自然或半自然生境,分别设置100 m²的样地,记录其地理坐标和类型。采用五点取样法,在每个样地选取5个样方进行调查。样方按其所在样地的简称和调查顺序进行编号,分别为AH1、AH2、AH3、AH4、AH5、AG1、AG2、AG3、AG4、AG5、H1、H2、H3、H4、H5、G1、G2、G3、G4和G5。每个样方面积为1 m×1 m。调查时记录每个样方的植物种类、个体数目和盖度。

6.3.1.2　数据处理方法

计算各个物种在每个样方和每个样地的重要值。采用等级聚类法,以欧式距离平方和聚类,聚类策略为组平均法,分析暗管改碱技术试验区植被的群落类型。选取Shannon-Wiener指数、Pielou均匀度指数及Simpson指数综合测度不同生境下植物群落物种多样性特征。

某样地内某一物种的重要值(IV):IV=相对密度+相对频度+相对盖度　　　(6.1)

某样方内某一物种的重要值(D):D=相对密度+相对盖度　　　(6.2)

式中,相对密度=(某一物种的密度/所有物种的密度之和)×100%;相对频度=(某一物种的频度/所有物种的频度之和)×100%;相对盖度=(某一物种的盖度/所有物种的盖度之和)

×100％。

Shannon-Wiener 指数（H）：

$$H = \sum P_i \ln P_i \tag{6.3}$$

Pielou 均匀度指数（J）：

$$J = H/\ln S \tag{6.4}$$

Simpson 指数（E）：

$$E = \sum P_i^2 \tag{6.5}$$

式（6.3）和式（6.5）中，P_i 代表第 i 种个体数 n_i 占总个体数 N 的比例，即 $P_i = n_i \times n^{-1}$；式（6.4）中，S 为物种丰度。

6.3.2　研究区盐生植物资源的种类

根据野外调查，被调查的暗管改碱技术试验区 4 类生境内共有 19 种植物，隶属于 8 科 17 属。它们均为草本，以禾本科（*Gramineae*）、藜科（*Chenopodiaceae*）和菊科（*Compositae*）植物为主。其中禾本科有狗尾草（*Setaria viridis*）、芦苇（*Phragmites australis*（Cav.）Trin. ex Steud.）、马唐（*Digitaria sanguinalis*（Linn.）Scop.）、稗（*Echinochloa crusgali*（Linn.）Beauv.）和稷（*Panicum miliaceum Linn.*）；菊科有猪毛蒿（*Artemisia scoparia Waldst. et Kit.*）、茵陈蒿（*Artemisia capillaris*）、苣荬菜（*Sonchus brachyotus D C.*）和阿尔泰狗娃花（*Heteropappus altaicus*（Willd.）Novopokr.）；藜科有盐地碱蓬（*Suaeda salsa*（Linn.）Pall.）、碱蓬（*Suaeda glauca*（Bunge）Bunge）、中亚滨藜（*Atriplex centralasiatica Hjin.*）和灰绿藜（*Chenopodium glaucum*）。其次是锦葵科（*Malvaceae*），有野西瓜苗（*Hibiscus trionum*）和苘麻（*Abutilon theophrasti*）。再次为萝藦科（*Asclepiadaceae*）、柽柳科（*Tamaricaceae*）、车前科（*Plantaginaceae*）、茄科（*Solanaceae*），各有 1 种，分别为鹅绒藤（*Cynanchum chinense R. Br.*）、柽柳（*Tamarix chinensis Lour.*）、车前（*Plantago asiatica Linn.*）和龙葵（*Solanum nigrum*）。

6.3.3　研究区盐生植物群落类型划分

以 20 个样方内各物种的重要值为指标进行聚类，研究区 4 类生境斑块内植物群落可分为 5 类（图 6.3）。

第一聚类群（A）包括 AH2、AH4、AH5、G1、G3 和 H5 6 个样方。群落的优势种为芦苇，重要值为 33.8～147.1；亚优势种为苣荬菜，重要值为 31.7～92.4；伴生种有猪毛蒿、茵陈蒿、碱蓬、中亚滨藜、灰绿藜、狗尾草、鹅绒藤、稗、阿尔泰狗娃花等。因此，将其命名为芦苇—苣荬菜群落。芦苇—苣荬菜群落的 6 个样方中物种丰度为 3～9 种。从群落所处的环境看，3 个样方位于地下埋设暗管的荒地，2 个样方位于未埋设暗管的休耕地，1 个样方位于未埋设暗管的荒地。群落中的盐生植物芦苇占据优势，而碱蓬和中亚滨藜在无暗管耕地和无暗管荒地有少量的分布，其相对优势度较低，居于次要地位。

第二聚类群（B）包括 AG1、AG2、AG3、AG4、AG5、AH1、AH3 和 G5 8 个样方。芦苇、狗尾草和稗是该群落的共优种，相对优势度分别为 35.3～106.1、33.0～77.6 和 14.9～106.1。除优势种外，还有苣荬菜、碱蓬、鹅绒藤、野西瓜苗、稷伴生等。因此，可将其命名为芦苇—杂草群落。该群落 7 个样方的物种丰度为 3～9 种。其中野西瓜苗和稷为外来入侵种，仅出现于休耕地，说明该区群落已经明显受到一定程度的人为干扰。从群落所处的环境看，5 个样方位于

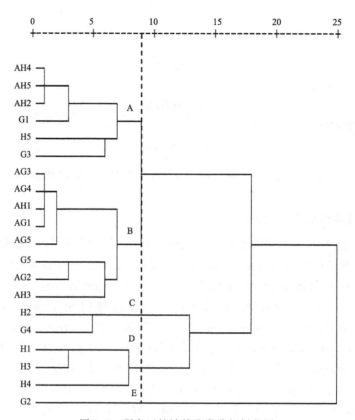

图 6.3　研究区植被的聚类分析树状图

地下埋设暗管的休耕地,1 个样方位于地下埋设暗管的荒地,1 个样方位于未埋设暗管的休耕地。群落的盐生植物芦苇占据优势,而碱蓬虽然在有暗管耕地区普遍分布,但其相对优势度较低,居于次要地位。

第三聚类群(C)包括 H2 和 G4。群落优势种是碱蓬,相对优势度为 125.6~198.8,占据明显优势。伴生种有猪毛蒿、芦苇、狗尾草、苣荬菜和鹅绒藤。因此,可将其命名为碱蓬群落。该群落类型样地中,1 个样方位于未埋设暗管的荒地,丰度为 6 种;1 个样方位于未埋设暗管的休耕地,丰度为 3 个。群落中盐生植物碱蓬占据优势,其余种类稀少,居于次要地位。

第四聚类群(D)包括 H1、H3 和 H4。碱蓬、盐地碱蓬和猪毛蒿为群落共优种,相对优势度分别为 46~85.1,36.7~81.5 和 30.9~101.4,占据明显优势。伴生种有茵陈蒿、芦苇、苣荬菜、狗尾草、鹅绒藤和柽柳。因此,可将其命名为碱蓬-蒿类群落。该群落类型各样方都位于未埋设暗管的荒地,群落组成主要为碱蓬属和蒿属植物。

第五聚类群(E)仅包括样地 G2。群落丰度为 3 种,优势种是苣荬菜,相对优势度为185.6,占据明显优势。伴生种为狗尾草和芦苇,因此,可将其命名为苣荬菜群落。该样方位于未埋设暗管的休耕地,群落组成以菊科和禾本科草本植物为主,芦苇分布稀少。

滨海盐生植被是滨海地区最基本的植被类型。按照优势种生物学特性的不同,滨海盐生植被分为肉质型盐生植被、禾草型盐生植被和杂类草型盐生植被(张凤娟,2002)。经野外调查和聚类分析可得,这 3 类滨海盐生植被在研究区 4 种生境内皆有分布。按照优势种的不同,肉质型盐生植被包括碱蓬群落和碱蓬-蒿类群落;禾草型盐生植被包括芦苇群落和芦苇-杂草群落;杂类草型盐生植被有苣荬菜群落。这与张凤娟(2002)根据全国海岸带滩涂资源调查小组制定的植被分类系统总结的河北省滨海盐生植被类型相符。

6.3.4　不同类型生境下植物群落特征及其分布规律

不同群落的物种组成变化是物种适应性和群落环境变化相互作用的结果。人工管理措施的实施能改变植物群落内的环境条件,而群落环境的变化又致使群落物种组成的变化,从而使得不同生活、生态特性的物种在不同群落环境中成为优势种。本节通过分析试验区 4 类生境下植物群落类型、优势种和物种多样性等特征,探讨暗管改碱技术的实施对自然、非自然下植物群落分布的影响。

6.3.4.1　不同类型生境下植物群落类型及其组成

对不同类型生境下植物群落类型和优势种进行分析,结果发现:

未埋设暗管的荒地(H)分布着 3 种群落类型:芦苇群落、碱蓬群落和碱蓬—蒿类群落。从整体来看,该生境下植物群落优势种是碱蓬,重要值是 0.81;亚优势种为猪毛蒿,重要值是 0.67;伴生种有盐地碱蓬、苣荬菜、茵陈蒿、芦苇、狗尾草、中亚滨藜、野西瓜苗、车前、鹅绒藤和柽柳。从人工管理角度来看,未埋设暗管的荒地没有采取任何人工管理措施,土壤条件没有受到人工管理的影响。群落中的真盐生植物如碱蓬、盐地碱蓬分布较多。假盐生植物如蒿属、芦苇属也有较多分布,但其相对优势度较低,居于次要地位。此外,该样地还少量分布有泌盐盐生植物,如中亚滨藜和柽柳。

未埋设暗管的夏季休耕地(G)植被群落仅分布着 4 种植物,即碱蓬、芦苇、苣荬菜和稗。从聚类分析结果看,该生境下分布着 4 类群落。这说明该样地不同地块间植被组成差异较大。而从整体来看,此类样地优势种是苣荬菜,重要值是 1.04;伴生种有芦苇、碱蓬和稗。从群落环境来看,该生境位于未埋设暗管的夏季休耕区,土壤条件受春季耕作影响,群落组成以碱蓬、芦苇和苣荬菜为主,包括真盐生植物、假盐生植物和非盐生植物 3 种类型植物。

地下埋设暗管的荒地(AH)植被以芦苇群落为主。优势种为芦苇,重要值为 1.03,占据明显的优势地位,伴生种有苣荬菜、狗尾草、猪毛蒿、稗、碱蓬、野西瓜苗、灰绿藜、鹅绒藤、苘麻、阿尔泰狗娃花、中亚滨藜、马唐、龙葵和车前。该生境位于埋设暗管区,没有进行耕作,群落组成以假盐生植物为主。

地下埋设暗管的夏季休耕地(AG)植被为芦苇—杂草群落,群落优势种为狗尾草,重要值为 0.8;亚优势种为芦苇,伴生种有稗、苣荬菜、碱蓬、野西瓜苗、稷和鹅绒藤。该生境位于埋设暗管区,群落组成主要是禾本科假盐生植物(如芦苇)和非盐生植物(如狗尾草和稗)。

总体来看,地下埋设暗管的荒地、夏季休耕地内植被群落组成以假盐生植物和非盐生植物为主。未埋设暗管的荒地群落组成以真盐生植物为主,并且伴有泌盐盐生植物。未埋设暗管的夏季休耕地群落优势种虽然是耐盐性强的非盐生植物苣荬菜,但碱蓬和芦苇的重要值与其相差不大。结合各类植物的抗盐能力,即真盐生植物＞泌盐盐生植物＞假盐生植物＞非盐生植物(赵可夫,1997)分析可得:地下埋设暗管后,抗盐能力相对较低的假盐生植物和非盐生植物逐渐替代真盐生植物,成为荒地和夏季休耕地植物群落的优势种。这从一定程度上说明暗管改碱技术的实施改变了土壤盐渍化程度,使群落环境发生了变化,从而导致群落组成发生了改变。

6.3.4.2　不同类型生境下植物群落多样性

根据上述植被多样性指数的计算方法,得到不同生境下植被的多样性指数(表 6.4 和图 6.4)。

表 6.4　研究区不同生境下植被的物种多样性

生境类型	H	E	J
H	1.18±0.31	0.41±0.15	0.62±0.13
G	0.69±0.43	0.61±0.25	0.58±0.34
AH	1.34±0.13	0.31±0.06	0.67±0.13
AG	1.25±0.15	0.35±0.04	0.71±0.08

数值平均值±标准误差。

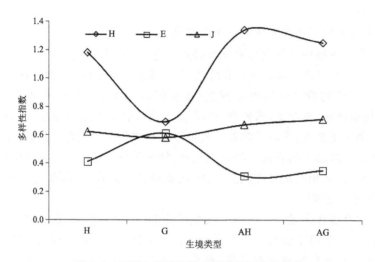

图 6.4　不同生境下植被多样性指数变化趋势

　　在物种多样性方面，4 类生境按 Shannon-Wiener 指数由高到低排列，依次为埋设暗管的荒地＞埋设暗管的夏季休耕地＞未埋设暗管的荒地＞未埋设暗管的夏季休耕地。由此可见，不论是荒地还是夏季休耕地，埋设暗管区植物物种多样性均高于未埋设暗管区。在均匀度方面，整体上来讲 Pielou 均匀度指数变化趋势与 Shannon-Wiener 指数变化趋势大体一致，即埋设暗管区植被均匀度普遍高于未埋设暗管区。因此，暗管改碱技术的实施会对植被的多样性保护起到一定作用。在生态优势度方面，4 类样地的 Simpson 指数变化趋势与 Shannon-Wiener 指数变化趋势相反，即生态优势度随着物种多样性的增加而减小，与群落多样性变化呈现负相关，符合植被多样性变化的一般规律（展秀丽 等，2008）。

　　表 6.5 给出了不同生境之间各个指数多重比较检验的结果。可以看出，未埋设暗管的夏季休耕地植被的 Shannon-Wiener 指数和 Simpson 指数均低于未埋设暗管荒地、埋设暗管的荒地和夏季休耕地 3 种生境，并且差异显著；其他生境斑块之间 Shannon-Wiener 指数和 Simpson 指数差异不显著；四类生境斑块的 Pielou 均匀度指数差异均不显著。根据分析，未埋设暗管的休耕地地势低，地下水埋深较浅，又缺少暗管排水系统的调控，容易发生涝渍害和盐害，并且受季节性休耕的影响，自然植被容易遭到破坏，因此，该样地草本多样性显著低于其他3 类生境。而未埋设暗管的荒地、埋设暗管的荒地和夏季休耕地 3 类生境两两之间物种多样性没有显著差异，主要是因为 3 类生境内草本植被演替处于不稳定状态（展秀丽 等，2008），易受土壤水分、养分、盐分等因素分布的影响，导致同一生境下不同样方之间多样性变化波动性大，不同生境之间多样性变化波动小。

表 6.5　不同生境之间植被多样性指数多重比较检验

生境类型	H	E	J
H 与 G	0.49*	−0.21*	0.04
H 与 AH	−0.16	0.09	−0.05
H 与 AG	−0.07	0.06	−0.09
G 与 AH	−0.66*	0.30*	−0.08
G 与 AG	−0.56*	0.27*	−0.12
AH 与 AG	0.09	−0.03	−0.04

* 代表 $P<0.05$。

通过对不同生境下植物群落类型、优势种和物种多样性等特征进行分析,发现地下埋设暗管后,抗盐能力相对较低的假盐生植物和非盐生植物逐渐替代真盐生植物,成为荒地和夏季休耕地植物群落的优势种,并且 Shannon-Wiener 指数和 Pielou 均匀度指数均高于未埋设暗管区,说明暗管改碱技术的实施能在一定程度上降低土壤盐渍化程度,使群落环境发生了变化,从而改变植物群落组成,并有利于保护和提高群落的物种多样性,对盐碱地生态恢复具有重要意义。

6.4　改善农业生产生态环境与水资源综合利用

暗管排盐技术可以有效改善土壤理化特性、促进土壤养分的转化,改善作物的生长环境,提升作物产量。

暗管排水创造了干湿交替的条件,有利于土粒脱水重组微团聚体,且排水后的土层内土壤胶体由溶胶状态变为凝胶状态,促使土壤结构化、土壤孔隙率增大,特别是非毛细孔隙的增加,提高了土壤含气量和通透性,暗管埋设年限越长土壤通气孔隙增加越明显。土壤通透性的提高,使土壤内好气性细菌活动加强,减弱了土壤的还原作用,减少了土壤中的有毒物质,加速土壤有机质分解,促进土壤养分矿化,发挥潜在肥力作用,增加土壤氮、磷、钾养分供应量,提高土壤肥力。但也有研究表明暗管埋设后,随着排水量的增加,土壤易氧化有机质、速效磷、速效钾含量均有所下降,这与暗管控制排水的时间与控制水位有关。暗管控制性排水可有效减少土壤养分流失、减少污染物排放、保护农田生态环境(于淑会 等,2012)。

暗管排水改变了土壤理化条件,可有效改善农田烂泥渍害状况,增强土壤微生物活性,促进作物根系向下深扎,有利于根系吸收深层土壤养分(艾天成 等,2007),加快农作物生育过程。对小麦来说,加大了根深,促进了根系茎叶发育生长,同时减少了黄脚烂根现象与常见赤霉病、锈病等病害;对水稻来说,加快了晒田期的排水,增加了土壤的透气性,协调了土壤中水肥气热状况,促进了分蘖与发育,抽穗期株高更高、根更粗大,暗管区水稻白根比例增加,黑根比例下降,总根量大大增加,从而提高了农作物的产量(潘智 等,1993;周志贤 等,1995)。

梁世炎等(1997)在湖北省后湖农场进行的暗管试验证明,利用暗管排水能够降低地下水位,减少农田氮素流失量,提高作物的氮素利用率及作物的水分利用率,提高作物根系活动层的温度,减少耕作层的还原性有毒物质,从而达到改良土壤、增加作物质量与产量的效果(Wesström et al.,2007;Kang et al.,1998;姚中英 等,2005)。邵孝侯等(1995)证明了塑料暗管在小麦拔节孕穗期可调控土壤水分,在很大程度上加快了小麦干物质累计和矿质营养吸收。陈士平等(2000)的研究表明,通过暗管可提高单季稻有效穗及改善穗部性状。

暗管通过改变农田自然条件下的地下水位从而影响土壤水及溶质的存在与运移状态,对有效利用水资源、改善灌溉方式和制度具有十分重要的意义。

国外有学者认为,暗管排水结合灌溉制度进行综合管理可发展高效节水农业。如在印度等地进行的暗管模拟试验,结果显示,在耕作前、试验中及以后各保持试验区全面积、半面积、1/4 面积积水 450 h,能达到与连续积水一样的降盐效果,但可节省 50％的水量(Rao et al.,1991)。更有学者提出只改变地下水位而不改变灌溉制度,排水量变化不大。因此,通过暗管同时改变排水系统与灌溉系统能更好地进行浅水位水资源管理(Soppe et al.,2001)。

暗管控制性排水导致地下水埋深发生变化,从而引起大气降水、地表水、土壤水与地下水“四水”的转化。魏晓妹(1995)研究发现地下水位的变化可以导致包气带的水文及水文地质参数发生变化,从而改变地表水、土壤水与地下水的分配。还有研究表明,控制平原区地下水位可有效拦蓄地表径流、补给地下水,从而提高作物对地下水的利用率(许晓彤 等,2008)。胡望斌(2003)、王政友(2009)分析了江汉平原四湖地区“四水”转化关系,发现雨季地下水埋深较浅,土壤水接近或达到饱和状态,从而导致地下水与大气水、地表水水量交换的频率、强度均非常大;而在干季土壤初始含水量低,降雨补给土壤水较多,补给地下水相对较少。

6.5　提升盐碱地生态系统服务功能

6.5.1　典型试验区尺度生态系统服务功能提升

暗管排盐工程可显著提高生态系统服务功能。以河北省滨海地区典型试验区为例,分别取暗管埋设区与无暗管对照区内 2 类生境计算不同类型区单位面积生态系统服务价值(ESV)及总服务价值(表 6.6)。结果显示,生态系统服务提升最高的为农产品生产功能,提高了390％。其他生态系统服务功能均提升 38％以上。以维持生物多样性功能为例,暗管区与对照区维持植物多样性服务功能的单位面积 ESV 分别为 410 6.72 元·hm^{-2}·a^{-1} 与 2965.08 元·hm^{-2}·a^{-1},这与森林生态系统服务功能评估规范中的生物多样性指标的规定较为一致。《森林生态系统服务功能评估规范》(LYT1721—2008)规定,根据 Shannon-Wiener 指数计算生物多样性,当指数＜1 时,价值为 3000 元·hm^{-2}·a^{-1},当 1≤指数＜2 时,价值为5000 元·hm^{-2}·a^{-1}。农田生态系统以生产功能为主,受人为活动影响,一般来讲,植物多样性是低于森林生态系统的,因此,计算得到的 ESV 为 4106.72 元·hm^{-2}·a^{-1}(暗管区,SW=1.295)与 2965.08 元·hm^{-2}·a^{-1}(对照区,SW=0.935),分别低于森林生态系统的 5000 元·hm^{-2}·a^{-1} 与 3000 元·hm^{-2}·a^{-1}。暗管区总生态系统服务为 287545 元,相对于对照区150970 元提升了 90％。

从“三生”功能角度来看,对照区生产功能的单位面积 ESV 为 3277.32 元·hm^{-2}·a^{-1}(表 6.6),这与海兴县单位面积价值基本一致,说明以海兴县代表无暗管对照区的 ESV 的科学性。但应用市场价值法计算后的暗管区生产功能价值(16075.54 元·hm^{-2}·a^{-1})远大于用修正系数修正后的计算值(4026.19 元·hm^{-2}·a^{-1}),这与农田生态系统生产功能为主的特征有关,用市场价值法计算更符合实际。

表 6.6　暗管区与对照区单位面积生态系统服务价值(ESV)与总服务价值

服务类型	功能指标	单位面积生态系统服务价值/(元·hm⁻²·a⁻¹)		总生态系统服务价值/(元·a⁻¹)	
		暗管区	对照区	暗管区	对照区
生产功能	生产农产品	16075.54	3277.32	109313.71	22285.80
生态功能	维持植物多样性	4106.72	2965.08	27925.66	20162.54
	气体调节	2898.86	2093.00	19712.25	14232.40
	气候调节	3905.40	2819.73	26556.73	19174.16
	水文调节	3100.16	2238.34	21081.09	15220.71
	废物处理	5596.41	4040.65	38055.58	27476.42
	保持土壤	5918.50	4273.20	40245.77	29057.76
生活功能	提供美学景观	684.45	494.18	4654.277	3360.42
	总和	—	—	287545.07	150970.21

　　暗管区与对照区"三生"功能价值均表现为生态功能价值>生产功能价值>生活功能价值(表 6.7),生活功能价值较少,仅占 2%。暗管排水工程对农田生态系统服务价值的影响主要体现在生产功能价值的增加,其增加值是生态功能增加值的 1.8 倍,是生活功能增加值的 67 倍,可以看出,暗管排水工程的实施可显著提高农田生态系统的经济效益,对于生态效益的提升也较明显。

表 6.7　暗管区与对照区"三生"功能价值与权重

功能类型	暗管区		对照区		ESV 差值/
	ESV/(元·hm⁻²·a⁻¹)	比重/%	ESV/(元·hm⁻²·a⁻¹)	比重/%	(元·hm⁻²·a⁻¹)
生产功能	109313.71	38	22285.80	15	87027.91
生态功能	173577.08	60	125323.99	83	48253.09
生活功能	4654.28	2	3360.42	2	1293.86

6.5.2　县域尺度生态系统服务功能提升

　　暗管排水排盐技术通过改变土壤水盐运移状况,减少了土壤含盐量,增加了土壤的产出能力,从而提升了区域的生态系统服务功能。以河北省近滨海典型盐碱区——海兴县为例,对该区域实施暗管排水排盐技术前后生态系统服务功能进行了对比分析。

　　海兴县位于河北省东南部($37°56'10''\sim38°17'31''$N,$117°18'33''\sim117°50'57''$E)为滨海平原区,地势低洼平坦,海拔 $1.3\sim3.6$ m,总土地面积 960 km²。属暖温带半湿润大陆性季风气候,大陆度 64.9%,干燥度为 1.23,年平均日照时数为 2751.5 h,年太阳辐射总量为 521.2 kJ·cm⁻²,年平均气温 12.1 ℃,年降雨量 582.3 mm,无霜期为 178 d,作物生长季 3—10 月。该区域东临渤海,盐碱地较多,土地贫瘠,抗旱与耐涝能力低,加之水利条件较差,成为华北典型生态环境脆弱区之一。

　　以 2008 年海兴县土地利用现状为基础,应用经过区域修正系数改进的中国陆地生态系统单位面积服务价值当量因子法(其中,森林的修正系数为 0.70,草地为 0.76,农田为 2.83,湿地为 1.31,水体为 1.00,荒地为 1.00),对海兴县暗管排水排盐技术实施前后生态系统服务功能进行估算。

对海兴县 2008 年的生态系统服务功能(表 6.8)和暗管排水排盐技术实施后的生态系统服务功能(表 6.9)进行对比分析,结果(表 6.10)显示,暗管排水排盐技术实施前后,海兴县森林、草地、农田、湿地、水体与荒漠 6 种生态类型的生态服务功能价值分别增加 8.03×10^{6} 元·a^{-1}、4.85×10^{6} 元·a^{-1}、2.34×10^{9} 元·a^{-1}、9.54×10^{8} 元·a^{-1}、5.91×10^{8} 元·a^{-1} 和 6.20×10^{5} 元·a^{-1}。海兴县全县总生态系统服务价值实施暗管技术后增加 3.90×10^{9} 元·a^{-1}。单位面积的生态系统服务功能增加值为 4.06×10^{4} 元·hm^{-2}·a^{-1},是实施暗管排水排盐技术前的 2.31 倍。暗管排水排盐技术的实施提升了区域的生态系统服务功能,增加了区域生态系统服务功能价值。

表 6.8　2008 年海兴县各生态系统服务类型总生态系统服务价值　　　单位:10^{4} 元·a^{-1}

一级分类	二级分类	森林	草地	农田	湿地	河流/湖泊	荒漠
供给服务	食物生产	12.32	23.32	11953.89	818.46	901.20	0.38
	原材料生产	111.21	19.52	4662.02	545.64	595.13	0.75
调节服务	气体调节	161.22	81.34	8606.80	5479.11	867.19	1.13
	气候调节	151.89	84.59	11595.28	30805.76	3502.78	2.44
	水文调节	152.64	82.42	9204.50	30555.68	31916.07	1.31
	废物处理	64.19	71.58	16615.91	32738.23	25250.59	4.88
支持服务	保持土壤	150.03	121.47	17 572.22	4524.24	697.15	3.19
	维持生物多样性	168.31	101.40	12192.97	8389.17	5832.29	7.51
文化服务	提供美学景观	77.63	47.18	2032.16	10662.66	7549.67	4.50
总和		1049.44	632.82	94435.77	124518.94	77112.08	26.09

表 6.9　暗管排水排盐实施后海兴县各生态系统服务类型总生态系统服务预测价值　　　单位:10^{4} 元·a^{-1}

一级分类	二级分类	森林	草地	农田	湿地	河流/湖泊	荒漠
供给服务	食物生产	21.75	41.18	41546.80	1445.34	1591.46	1.27
	原材料生产	196.40	34.47	16203.25	963.56	1050.97	2.53
调节服务	气体调节	284.71	143.64	29913.70	9675.77	1531.41	3.80
	气候调节	268.23	149.39	40300.40	54401.09	6185.69	8.24
	水文调节	269.55	145.56	31991.04	53959.46	56361.83	4.44
	废物处理	113.36	126.40	57750.06	57813.71	44591.00	16.47
支持服务	保持土壤	264.94	214.50	61073.80	7989.53	1231.13	10.77
	维持生物多样性	297.23	179.07	42377.74	14814.76	10299.47	25.34
文化服务	提供美学景观	137.08	83.31	7062.96	18829.60	13332.26	15.21
总和		1853.24	1117.52	328219.75	219892.82	136175.22	88.07

表 6.10　暗管排水排盐技术实施前后海兴县各生态系统服务类型总生态系统服务价值对比

生态系统类型	实施前/(10^4元·a^{-1})	实施后/(10^4元·a^{-1})	差值/(10^4元·a^{-1})	增加比例/%
森林	1049.44	1853.24	803.80	77
草地	632.82	1117.52	484.70	77
农田	94435.77	328219.75	233783.98	248
湿地	124518.94	219892.82	95373.88	77
水体	77 112.08	136 175.22	59 063.14	77
荒漠	26.09	88.07	61.98	238
总和	297 775.14	687 346.62	389 571.48	131

6.6　应用前景

河北省滨海地区暗管适宜区分布广、面积大，若全部实施暗管排水排盐工程，可新增耕地（包括由毛沟转化为耕地和由荒地转化为耕地）总面积约为 6.90×10^4 hm²。新增面积占原有耕地面积的 21.5%。

作物增产总量包括原有 3.21×10^5 hm²（不包括毛沟）耕地、5.14×10^4 hm² 的由平整毛沟新增的耕地和 1.76×10^4 hm² 由荒地转化而来的耕地的作物增产量。其中，耕地的作物单产增加量为暗管实施前后作物单产的增加量；由平整毛沟新增耕地的作物单产增加量即为暗管实施后的作物单产量；由荒地转化而来的耕地的单产量为荒地实施 1 年后作物单产量。

将暗管排水排盐技术实施对耕地面积增加和对作物产量增加的影响相结合，以冬小麦—夏玉米轮作组合、冬小麦—谷子的轮作组合和单作棉花计算暗管排水排盐技术实施增加的土地产出能力，如表 6.11 所示。从表可以看出，暗管排水排盐技术实施后，河北省近滨海盐碱区的作物增产情况表现为：

表 6.11　暗管排水排盐技术实施后河北省近滨海区盐碱地作物潜在增产量

土地利用转化	面积/(10^4 hm²)	夏玉米—冬小麦		谷子—冬小麦		单作棉花	
		单产增产量/(kg·hm⁻²)	总增产量/(10^8 kg)	单产增产量/(kg·hm⁻²)	总增产量/(10^8 kg)	单产增产量/(kg·hm⁻²)	总增产量/(10^8 kg)
耕地—耕地	32.14	2889.5	9.30	2054.2	6.60	1254.8	4.03
毛沟—耕地	5.14	10738.9	5.52	9750.0	5.01	3250.7	1.67
荒地—耕地	1.76	7 103.1	1.25	7 042.9	1.24	2312.4	0.41
总计	39.04	—	16.07	—	12.85	—	6.11

（1）冬小麦—夏玉米轮作组合产量增加 1.61×10^9 kg，其中原有耕地增产量为 9.30×10^8 kg，毛沟转为耕地增产量为 5.52×10^8 kg，荒地增产量为 1.25×10^8 kg。此增产量占河北省"十二五"期间粮食增产总量（50×10^8 kg）的 32.2%。

（2）冬小麦—谷子的轮作组合产量增加 1.29×10^9 kg，其中原有耕地增加产量为 6.60×10^8 kg，毛沟转为耕地增加产量为 5.01×10^8 kg，荒地增加产量为 1.24×10^8 kg。此增产量占河北省"十二五"期间粮食增产总量的 25.7%。

(3)棉花产量增加 6.11×10^8 kg,其中原有耕地增加产量为 4.03×10^8 kg,毛沟转为耕地增加产量为 1.67×10^8 kg,荒地增加产量为 0.41×10^8 kg。

考虑到河北省近滨海盐碱区的实际耕作制度,按照棉花种植面积占耕地总面积的60%、冬小麦+夏玉米轮作种植面积约占30%、冬小麦+谷子的轮作种植面积约占10%的比例计算,暗管排水排盐技术实施后,河北省近滨海地区作物增产量分别为棉花种植区增产 3.67×10^8 kg,冬小麦+夏玉米轮作种植区增产 4.82×10^8 kg,冬小麦+谷子的轮作种植区增产 1.29×10^8 kg,粮食总增产量达到 6.11×10^8 kg,能为河北省"十二五"期间粮食增产 50×10^8 kg的目标贡献12.2%的能力。

参考文献

艾天成,李方敏,2007. 暗管排水对涝渍地耕层土壤理化性质的影响[J]. 长江大学学报(自科版):农学卷,4(2):4-5.

陈邦本,陈效民,方明,等,1987. 江苏滨海地区回归水灌溉对土壤碱化可能性的探讨[J]. 土壤通报(5):193-195.

陈士平,戴红霞,2000. 暗管排水改造山区冷浸田的效果[J]. 浙江农业科学(2):59-60.

陈巍,陈邦本,沈其荣,2000. 滨海盐土脱盐过程中pH变化及碱化问题研究[J]. 土壤学报,37(4):8.

陈为峰,王文中,刘志全,等,2020. 黄河三角洲暗管排水排盐工程参数设计与应用[J]. 人民黄河,42(1):145-149.

陈香香,蒋晓红,缪海洋,2006. 遗传算法在暗管间距优化中的应用[J]. 中国农村水利水电(1):9-10.

陈晓东,寇传和,2006. 水田控制排水技术的环境效益初探[J]. 节水灌溉(4):32-33,36.

迟道才,程世国,张玉龙,等,2003. 国内外暗管排水的发展现状与动态[J]. 沈阳农业大学学报,34(3):312-316.

丁蓓蓓,张雪靓,赵振庭,等,2021. 华北平原限水灌溉条件下冬小麦产量及水分利用效率变化的Meta分析[J]. 灌溉排水学报,40(12):7-17.

杜历,周华,1997. 双层暗管排水技术改造盐碱荒地试验[J]. 中国农村水利水电(10):33-34.

范业宽,蔡烈万,徐华壁,1989. 暗管排水改良渍害型水稻土的效果[J]. 土壤肥料(2):9-12.

方生,陈秀玲,2005. 华北平原大气降水对土壤淋洗脱盐的影响[J]. 土壤学报,42(5):730-736.

郜洪强,费宇红,雒国忠,等,2010. 河北平原地下咸水资源利用的效应分析[J]. 南水北调与水利科技,8(2):53-56.

高跃林,黄生利,2002. Hooghoudt公式在暗管排水设计中的计算程序及应用[J]. 宁夏农学院学报(3):40-42.

管孝艳,王少丽,高占义,等,2012. 盐渍化灌区土壤盐分的时空变异特征及其与地下水埋深的关系[J]. 生态学报,32(4):1202-1210.

郭凯,巨兆强,封晓辉,等,2016. 咸水结冰灌溉改良盐碱地的研究进展及展望[J]. 中国生态农业学报,24(8):1016-1024.

胡望斌,2003. 江汉平原四湖地区地下水动态监测与四水转化关系研究[D]. 北京:中国科学院.

黄志强,黄介生,谢华,等,2010. 控制平原湖区棉田暗管排水水位对氮素流失影响分析[J]. 灌溉排水学报,29(3):20-23.

贾忠华,罗纨,方树星,等,2006. 双重排水条件下控制措施对银南灌区水稻田水盐关系的影响分析[J]. 干旱区资源与环境,20(5):213-216.

孔维航,2021. 黄河三角洲区域盐碱土水盐运移规律及工程排盐技术研究[D]. 泰安:山东农业大学.

李法虎,KEREN R,BENHUR M,2003. 暗管排水条件下土壤特性和作物产量的空间变异性分析[J]. 农业工程学报,19(6):64-69.

李贺静,2008. 河北省滨海平原区补充耕地等别评定研究[D]. 石家庄:河北农业大学.

李郡,张志刚,王琰,等,2017. 河北省平原区地热流体特征研究[J]. 地球(8):85.

梁世炎,雷新美,蔡志文,等,1997. 暗管改造渍害型低产田的方法与效果[J]. 中国农村水利水电(4):14-15.

刘爱利，王培法，丁园园，2012. 地统计学概论[M]. 北京：科学出版社.

刘慧涛，谭莉梅，于淑会，等，2012. 河北滨海盐碱区暗管埋设下土壤水盐变化响应研究[J]. 中国生态农业学报，20(12)：1693-1699.

刘家福，蒋卫国，占文凤，等，2010. SCS 模型及其研究进展[J]. 水土保持研究，17(2)：120-124.

刘建新，王金成，王瑞娟，等，2012. 燕麦幼苗活性氧代谢和渗透调节物质积累对 NaCl 胁迫的响应[J]. 生态学杂志，31(9)：6.

刘金荣，谢晓蓉，2004. 重盐碱地的改造及建植草坪的研究——以河西走廊中部重盐碱低洼地的草坪建植为例[J]. 水土保持通报(1)：19-21.

刘骏，于会彬，谢森，等，2011. 乌梁素海周围盐化潮土钠质化特征[J]. 环境科学研究，24(2)：229-235.

刘培斌，2000. 暗管排水稻田中氮素淋失动态混合模型及应用[J]. 中国环境科学，20(1)：13-17.

刘小京，李向军，陈丽娜，等，2010. 盐碱区适应性农作制度与技术探讨——以河北省滨海平原盐碱区为例[J]. 中国生态农业学报，18(4)：911-913.

刘永，王为木，周祥，2011. 滨海盐土暗管排水降渍脱盐效果研究[J]. 土壤，43(6)：1004-1008.

刘子义，1993. 暗管排水技术在新疆干旱重盐碱地区的应用[J]. 新疆水利(3)：11-19.

陆建贤，张蚕生，王国峰，等，1992. 浙北低洼圩区农田暗管排水对土壤性状和供肥的影响[J]. 浙江农业科学(1)：24-28.

罗纨，贾忠华，方树星，等，2006. 灌区稻田控制排水对排水量及盐分影响的试验研究[J]. 水利学报，37(5)：608-612，618.

马东豪，王全九，苏莹，等，2006. 微咸水入渗土壤水盐运移特征分析[J]. 灌溉排水学报，1：62-66.

马凤娇，谭莉梅，刘慧涛，等，2011. 河北滨海盐碱区暗管改碱技术的降雨有效性评价[J]. 中国生态农业学报，19(2)：409-414.

马世骏，1984. 生态工程——生态系统原理的应用[J]. 北京农业科学(1)：1-2.

毛萌，任理，韩琳琳，等，2016. 黑龙港地区的农业干旱风险评估[J]. 南水北调与水利科技，14(6)：9.

潘智，黄平，蒋代华，等，1993. 暗管排水治理渍害田初探[J]. 热带亚热带土壤科学，2(2)：88-92.

裴洪芹，邰庆国，尼玛，2008. 临沂市降水特征分析[J]. 安徽农业科学，36(28)：12356-12357.

彭成山，杨玉珍，郑存虎，等，2006. 黄河三角洲暗管改碱工程技术实验与研究[M]. 郑州：黄河水利出版社.

邵孝侯，刘才良，俞双恩，等，1995. 暗管排水对滨海新垦区土壤盐分动态的影响及脱盐效果[J]. 河海大学学报(2)：88-93.

邵孝侯，俞双恩，彭世彰，2000. 圩区农田塑料暗管埋深和间距的确定方法评述[J]. 灌溉排水(1)：34-36.

沈荣开，王修贵，张瑜芳，等，1999. 涝渍排水控制指标的初步研究[J]. 水力学报(3)：71-74.

石磊，吕宁，何帅，尹飞虎，等，2022. 次生盐渍土暗管＋竖井排水控盐技术模式筛选及效果评价[J]. 新疆农业科学，59(3)：716-724.

石元春，辛德惠，1983. 黄淮海平原的水盐运动和旱涝盐碱的综合治理[M]. 石家庄：河北人民出版社.

石元春，李韵珠，1986a. 盐渍土研究的现状和发展趋势[J]. 干旱区研究(4)：38-44.

石元春，李韵珠，陆锦文，1986b. 盐渍土的水盐运动[M]. 北京：北京农业大学出版社.

孙瑞鹤，1995. 双层灌溉排水系统[J]. 上海水利(4)：34.

谭莉梅，刘金铜，刘慧涛，等，2012. 河北省近滨海区暗管排水排盐技术适宜性及潜在效果研究[J]. 中国生态农业学报，20(12)：1673-1679.

田世英，罗纨，贾忠华，等，2006. 控制排水对宁夏银南灌区水稻田盐分动态变化的影响[J]. 水利学报，37(11)：1309-1314.

王德超，姜军祥，2005. 东营市河口区盐渍土的改良治理方法及效果分析[J]. 山东国土资源，2(5)：36-38.

王如松，蒋菊生，2001. 从生态农业到生态产业——论中国农业的生态转型[J]. 中国农业科技导报(5)：

7-12.

王如松，2001. 系统化、自然化、经济化、人性化——城市人居环境规划方法的生态转型[C]//中国科学技术学会. 中国科协 2001 年学术年会分会场特邀报告汇编. 中国水土保持学会：360-367.

王树怀，2009. 垦利县董集乡采用暗管排碱改良土壤[J]. 山东国土资源，25(5)：1.

王苏胜，刘群昌，周明耀，2014. 双层暗管排水布置方式对农田水氮运移的影响及模拟[J]. 水利与建筑工程学报，12(1)：39-44,141.

王喜，谭军利，2016. 中国微咸水灌溉的实践与启示[J]. 节水灌溉(7)：56-59.

王艳芳，张学科，2002. 宁夏河套灌区单级暗管排水系统的优化设计[J]. 宁夏农学院学报(4)：43-45.

王友贞，王修贵，汤广民，2004. 大沟控制排水对地下水水位影响研究[J]. 农业工程学报，24(6)：74-77.

王政友，2009. 地下水埋深与"四水"转化参数关系探讨[J]. 地下水，31(1)：57-60.

韦方强，胡凯衡，陈杰，2005. 泥石流预报中前期有效降水量的确定[J]. 山地学报，23(4)：453-457.

魏晓妹，1995. 地下水在灌区"四水"转化中的作用[J]. 干旱地区农业研究，13(3)：54-57.

吴持恭，2007. 水力学(下)[M]. 北京：高等教育出版社.

吴忠东，王全九，苏莹，2005. 微咸水进行农田灌溉的研究[J]. 人民黄河，7(5)：52-54.

武俊英，2010. 盐胁迫对燕麦幼苗生长，K^+，Na^+ 吸收和光合性能的影响[J]. 西北农业学报(2)：19.

徐彬冰，虞红兵，李丽，等，2018. 沿海土地整治区地下排水模式设计研究[J]. 灌溉排水学报，37(S1)：175-179.

许晓彤，王友贞，李金冰，2008. 平原区农田控制排水对水资源的调控效果研究[J]. 中国农村水利水电(1)：66-68.

薛禹群，1997. 地下水动力学[M]. 北京：地质出版社.

颜京松，王如松，2001. 近十年生态工程在中国的进展[J]. 农村生态环境(1)：1-8,20.

杨劲松，姚荣江，王相平，等，2022. 中国盐渍土研究：历程、现状与展望[J]. 土壤学报，59(1)：10-27.

杨丽丽，刘建刚，刘昕，等，2006. 银南灌区控制排水后水盐平衡分析[J]. 人民黄河，28(7)：40-41,44.

杨琳，黄介生，李大文，等，2009. 控制排水条件下土壤氮素的运移[J]. 长江流域资源与环境，18(11)：1063-1066.

杨琳，黄介生，刘静君，等，2013. 棉田暗管控制排水水位管理制度的试验研究[J]. 灌溉排水学报，32(2)：6-9.

杨守勇，2008. 河北"以盐治盐"滨海盐碱地长出农作物[N]. 农民日报，2008-09-03(5).

杨学良，那宇彤，李润杰，等，1995. 暗排技术在湟水流域盐渍土改良中的应用[J]. 人民黄河(3)：32-36,62.

杨玉珍，2008. 黄三角暗管改碱实验[J]. 中国土地(7)：18-19.

姚中英，赵正玲，苏小琳，2005. 暗管排水在干旱地区的应用[J]. 塔里木大学学报(2)：76-78.

殷国玺，宋培青，张国华，等，2011. 减少面源污染的农田排水工程设计标准与管理措施[J]. 河海大学学报：自然科学版，39(2)：176-180.

殷仪华，陈邦本，1991. 江苏省滨海盐土脱盐过程 pH 值上升原因的探讨[J]. 土壤通报，1：5-7.

于淑会，韩立朴，高会，等，2016. 高水位区暗管埋设下土壤盐分适时立体调控的生态效应[J]. 应用生态学报，27(4)：1061-1068.

于淑会，刘金铜，李志祥，等，2012. 暗管排水排盐改良盐碱地机理与农田生态系统响应研究进展[J]. 中国生态农业学报，20(12)：1664-1672.

于淑会，刘金铜，刘慧涛，等，2014. 暗管控制排水技术在近滨海盐碱地治理中的应用研究[J]. 灌溉排水学报，33(3)：42-46.

袁念念，黄介生，谢华，等，2010. 暗管控制排水对棉田排水的影响[J]. 灌溉排水学报，29(2)：28-31.

袁念念，彭虹，黄介生，等，2011. 棉田控制排水土壤含水量预测[J]. 武汉大学学报：工学版，44(4)：225-448.

岳耀杰，张峰，张国明，等，2010. 滨海盐碱地利用变化与优化研究——以黄骅市"台田—浅池"模式为例[J]. 资源科学，32(3)：423-430.

云正明，刘金铜，1998. 生态工程[M]. 北京：气象出版社.

曾文治，黄介生，谢华，等，2012. 不同暗管布置下棉田排水的硝态氮流失量分析[J]. 农业工程学报，28(4)：89-93.

展秀丽，余新晓，严平，等，2008. 北京市八达岭林区生态修复对植被多样性的影响[J]. 水土保持通报，28(4)：140-143.

张殿发，王世杰，2000. 土地盐碱化过程中的冻融作用机制[J]. 水土保持通报，20(6)：14-17.

张凤娟，2002. 河北省海岸带盐生植物资源及其耐盐结构的研究[D]. 长春：东北师范大学.

张和平，刘晓楠，1992. 黑龙港地区冬小麦生产中水肥关系及其优化灌水施肥模型研究[J]. 干旱地区农业研究，10(1)：7.

张金龙，张清，王振宇，2011. 天津滨海盐碱土灌排改良工程技术参数估算方法[J]. 农业工程学报，27(8)：52-55.

张兰亭，1988. 暗管排水改良滨海盐土的效果及其适宜条件[J]. 土壤学报(4)：356-365.

张壬午，计文瑛，韩玉珍，1998. 论农业生态工程[J]. 生态农业研究(1)：16-21.

张同钦，2011. 废弃茶叶对重金属的吸附性能及重金属毒性评价研究[D]. 哈尔滨：哈尔滨工业大学.

张亚年，李静，2011. 暗管排水条件下土壤水盐运移特征试验研究[J]. 人民长江，42(22)：70-72.

张永波，王秀兰，1997. 表层盐化土壤区咸水灌溉试验研究[J]. 土壤学报，1：53-59.

张月珍，张展羽，张宙云，等，2011. 滨海盐碱地暗管工程设计参数研究[J]. 灌溉排水学报，30(4)：96-99.

张越，杨劲松，姚荣江，2016. 咸水冻融灌溉对重度盐渍土壤水盐分布的影响[J]. 土壤学报(2)：388-400.

张展羽，郭相平，汤建熙，等，1999. 滩涂洗盐种稻暗管工程技术参数的研究[J]. 水利学报(4)：30-34.

赵耕毛，刘兆普，陈铭达，等，2003. 海水灌溉滨海盐渍土的水盐运动模拟研究[J]. 中国农业科学，36(6)：676-680.

赵可夫，1997. 盐生植物[J]. 植物学通报(4)：2-13.

郑春莲，曹彩云，李伟，等，2010. 不同矿化度咸水灌溉对小麦和玉米产量及土壤盐分运移的影响[J]. 河北农业科学，14(9)：49-51.

周利颖，李瑞平，苗庆丰，等，2021. 排盐暗管间距对河套灌区重度盐碱土盐碱特征与肥力的影响[J]. 土壤，53(3)：602-609.

周志贤，何在友，1995. 暗管排水治理圩区渍害田经济效益显著[J]. 灌溉排水，14(2)：58-59.

祝榛，王海江，苏挺，等，2018. 盐渍化农田不同埋深暗管排盐效果研究[J]. 新疆农业科学，55(8)：1523-1533.

AMATYA D M, SKAGGS R W, GREGORY J D, 1997. Evaluation of a watershed scale forest hydrologic model[J]. Agriculture Water Management, 32(3)：239-258.

AZHAR A H, 2011. Subsurface drainage impact assessment on crop yield[J]. Transactions of the Chinese Society of Agricultural Engineering (Transactions of the CSAE), 21(2)：215-219.

BAHÇECI I, DINÇ N, TARI A F, et al, 2006. Water and salt balance studies, using SaltMod, to improve subsurface drainage design in the Konya-Çumra Plain, Turkey [J]. Agricultural Water Management, 85(3)：261-271.

CEMEK B, GÜLER M, KILIC K Y, et al, 2007. Assessment of spatial variability in some soil properties as related to soil salinity and alkalinity in Bafra plain in northern Turkey[J]. Environmental Monitoring and Assessment, 124 (1-3)：223-234.

CETIN M, IBRIKCI H, KIRDA C, et al, 2012. Using an Electromagnetic Sensor combined with geographic information systems to monitor soil salinity in an area of southern Turkey irrigated with drainage water[J].

Fresenius Environmental Bulletin, 21(5): 1133-1145.

DINNES D L, KARLEN D B, JAYNES T C, et al, 2002. Nitrogen management strategies to reduce nitrate leaching in tile drained Midwestern soils [J]. Agronomy Journal (94): 153-171.

DOUAIK A, VAN MEIRVENNE M, TÓTH T, 2007. Statistical methodS for evaluating soil salinity spatial and temporal variability [J]. Soil Science Society of America Journal, 71(5): 1629-1635.

GILLIAM J W, SKAGGS R W, WEED S B, 1979. Drainage control to diminish nitrate loss from agricultural fields[J]. Journal of Environmental Quality, 8(1): 137-142.

GOSWAMI D, KALITA P K, COOKE R A C, et al, 2009. Nitrate-N loadings through subsurface environment to agricultural drainage ditches in two flat Midwestern (USA) watersheds[J]. Agricultural Water Management, 96(6): 1021-1030.

GOULD J, ZHU Q, LI Y H, 2014. Using every last drop: rainwater harvesting and utilization in Gansu Province, China[J]. Waterlines, 33(2): 107-119.

HACKWELL S G, PRASHER S O, BARRINGTON S F, 1991. Testing of a field scale drainage model on subsurface-drained farmlandS [J]. Agricultural Water Management, 20(1): 29-45.

HARRINGTON G A, HENDRY M J, 2006. Using direct-push EC logging to delineate heterogeneity in a clay-rich aquitard [J]. Ground Water Monitoring and Remediation, 26(1): 92-100.

HIREKHAN M, GUPTA S K, MISHRA K L, 2007. Application of WaSim to assess performance of a sub-surface drainage system under semi-arid monsoon climate [J]. Agricultural Water Management, 88(1/3): 224-234.

HORNBUCKLE J W, CHRISTEN E W, FAULKNER R D, 2007. Evaluating a multi-level subsurface drainage system for improved drainage water quality[J]. Agricultural Water Management, 89(3): 208-216.

JAIN P K, SINAI G, 1985. Evapotranspiration model for semiarid regions[J]. Journal of Irrigation and Drainage Engineering, 111(4): 369-379.

KANDIL H M, SKAGGS R W, DAYEM S A, et al, 1995. DRAINMOD-S: Water management model for irrigated arid lands, crop yield and applications[J]. Irrigation and Drainage Systems, 9(3): 239-258.

KANG S Z, LIANG Z S, HU W, et al, 1998. Water use efficiency ofcontrolled alternate irrigation on root-divided maize plants[J]. Agricultural Water Management, 38(1): 69-76.

KELLENERS T J, KAMRA S K, JHORAR R K, 2000. Prediction of long term drainage water salinity of pipe drains[J]. Journal of Hydrology, 234(3/4): 49-263.

KLADIVKO E J, FRANKENBERGER J R, JAYNES D B, et al, 2004. Nitrate leaching to subsurface drains as affected by drain spacing and changes in crop production system[J]. Journal of Environmental Quality, 33(5): 1803-1813.

KUMAR S, GUPTA S K, RAM S, 1994. Inverse techniques for estimating transmissivity and drainable pore space utilizing data from subsurface drainage experiments[J]. Agricultural Water Management, 26(1/2): 41-58.

LALONDE V, MADRAMOOTOO C A, TRENHOLM L, et al, 1996. Effects of controlled drainage on nitrate concentrations in subsurface drain discharge[J]. Agricultural Water Management, 29(2): 187-199.

LIU H L, YANG J Y, TAN C S, et al, 2011. Simulating water content, crop yield and nitrate-N loss under free and controlled tile drainage with subsurface irrigation using the DSSAT model [J]. Agricultural Water Management, 98(6): 1105-1111.

LUO W, SKAGGES R W, CHESCHIR G M, 2000. DRAINMOD modifications for cold conditions[J]. Transactions of the American Society of Agricultural Engineers, 43(6): 1569-1582.

MCCARTHY E J, FLEWELLING J W, SKAGGS R W, 1992. Hydrologic model for drained forest watershed[J]. Journal of Irrigation and Drainage Engineering, 118(2): 242-255.

MOUSTAFA M M, 2000. A geostatistical approach to optimize the determination of saturated hydraulic conductivity for large-scale subsurface drainage design in Egypt [J]. Agricultural Water Management, 42(3): 291-312.

MOUSTAFA M, A. YOMOTA, 1998. Use of a covariance variogram to investigate influence of subsurface drainage on spatial variability of soil-water properties [J]. Agricultural Water Management, 37(1): 1-19.

NIEBER J L, WARNER G S, 1991. Soil pipe contribution to steady subsurface stormflow [J]. Hydrological Processes, 5(4): 329-344.

NOSETTO M D, ACOSTA A M, JAYAWICKREME D H, et al, 2013. Land-use and topography shape soil and groundwater salinity in central Argentina [J]. Agricultural Water Management, 129: 120-129.

RAO K V G K, LEEDS-HARRISON P B, 1991. Desalinization with subsurfacedrainage[J]. Agricultural Water Management, 19(4): 303-311.

RAO K V R, BTTACHARYA A K, 2001. Salinity distribution in paddy root zone under subsurface drainage [J]. Agricultural Water Management, 48(2): 169-178.

RITZEMA H P, VAN AART R, BOS M G, et al, 1994. Drainage principle and applications[M]. Netherlands.

SARANGI A, SINGH M, BHATTACHARYA A K, et al, 2006. Subsurface drainage performance study using SALTMOD and ANN models [J]. Agricultural Water Management, 84(3): 240-248.

SCOTT D BERGEN, SUSAN M BOLTON, JAMES L, 2001. Design principles for ecological engineering [J]. Ecological Engineering, 18(2): 201-210.

SINGH K M, SINGH O P, RAM S, et al, 1992. Modified steady state drainage equations for transient conditions in subsurface drainage [J]. Agricultural Water Management, 20(4): 329-339.

SINGH M, ATTACHARYA A K, NAIR T V R, et al, 2002. Nitrogen loss through subsurface drainage effluent in coastal rice field from India[J]. Agricultural Water Management, 52(3): 249-260.

SINGH M, PABBI S, BHATTACHARYA A K, et al, 2007a. Nitrite accumulation in coastal clay soil of India under inadequate subsurface drainage[J]. Agricultural Water Management, 91(1/3): 78-85.

SINGH R, HELMERS M J, CRUMPTON W G, et al, 2007b. Predicting effects of drainage water management in Iowa's subsurface drained landScapes [J]. Agricultural Water Management, 92(3): 162-170.

SINGH R, HELMERS M J, QI Z M, 2006. Calibration and validation of DRAINMOD to design subsurface drainage systems for Iowa's tile landScapes [J]. Agricultural Water Management, 85(3): 221-232.

SKAGGS R W, BREVE M A, GILLIAM J W, 1994. Hydrologic and water quality impacts of agricultural drainage [J]. Critical Reviews in Environmental Science and Technology, 24(1): 1-32.

SKAGGS R W, FAUSEY N R, EVANS R O, 2012. Drainage water management[J]. Journal of soil and water conservation, 67(6): 167-172.

SOPPE R W O, AYARS J E, SCHOUSE P, et al, 2001. Shallow groundwater management to reduce excess drainage water production in arid and semi-arid irrigated areas[J]. ASAE paper 01-2017. St. Jcseph, MI. ASAE.

WESSTRÖM I, EKBOHM G, LINNÉR H, et al, 2003. The effects of controlled drainage on subsurface outflow from level agricultural fields [J]. Hydrological Processes, 17(8): 1525-1538.

WESSTRÖM I, MEMMING I, 2007. Effects of controlled drainage on N and P losses and N dynamics in a loamy sand with spring crops[J]. Agricultural Water Management, 87(3): 229-240.

WHITE J G, WELCH R M, NORVELL W A, 1997. Soil zinc map of the USA using geostatistics and geographic information systems [J]. Soil Science Society of America Journal, 61(1): 185-194.

WISKOW E, VAN DER PLOEG R R, 2003. Calculation of darin spacings for optimal rainstorm flood control [J]. Journal of Hydrology, 272(1/4): 163-174.

YANG F, ZHANG G X, YIN X R, et al, 2011. Field-scale spatial variation of saline-sodic soil and its relation with environmental factors in western songnen plain of China [J]. International journal of environmental research and public health, 8(2): 374-387.

YU S, LIU J, ENEJI A E, et al, 2015. Spatial variability of soil salinity under subsurface drainage[J]. Communications in Soil Science and Plant Analysis, 46(2): 259-270.